化学工程与工艺应用型本科建设系列教材

普通高等教育"十三五"规划教材

化学工程与工艺专业实验

HUAXUE GONGCHENG YU GONGYI ZHUANYE SHIYAN

姚跃良　主编

蔺华林　韩　生　毛海舫　李　俊　王朝阳　副主编

化学工业出版社

·北京·

《化学工程与工艺专业实验》是根据应用型本科人才培养目标编写的专业实验教材。全书共分五章，包括：化工实验基本常识、实验数据处理与实验方案设计、化工基本物理量的测量、化工实验过程中常用检测方法、化学工程与工艺专业实验 14 个实验项目。每个实验后均附有若干思考题，便于学生预习及复习。

《化学工程与工艺专业实验》可作为高等学校化学工程与工艺专业的实验教材，中本贯通教育本科阶段的实验教材，也可供从事化工专业研究、科技开发、管理和生产人员参考。

图书在版编目（CIP）数据

化学工程与工艺专业实验/姚跃良主编. —北京：化学工业出版社，2019.5
化学工程与工艺应用型本科建设系列教材 普通高等教育"十三五"规划教材
ISBN 978-7-122-33572-2

Ⅰ.①化… Ⅱ.①姚… Ⅲ.①化学工程-化学实验-高等学校-教材 Ⅳ.①TQ016

中国版本图书馆 CIP 数据核字（2018）第 302838 号

责任编辑：刘俊之　　　　　　　　　文字编辑：林　丹
责任校对：宋　玮　　　　　　　　　装帧设计：韩　飞

出版发行：化学工业出版社（北京市东城区青年湖南街 13 号　邮政编码 100011）
印　　刷：大厂聚鑫印刷有限责任公司
装　　订：三河市宇新装订厂
787mm×1092mm　1/16　印张 7¾　字数 189 千字　　2019 年 5 月北京第 1 版第 1 次印刷

购书咨询：010-64518888　　售后服务：010-64518899
网　　址：http://www.cip.com.cn
凡购买本书，如有缺损质量问题，本社销售中心负责调换。

定　　价：29.00 元　　　　　　　　　　　　　　版权所有　违者必究

前　言

　　《化学工程与工艺专业实验》是根据应用型本科人才培养目标和中本贯通教育的特点编写的专业实验教材。工程实践能力的培养是应用型人才培养体系中的重要内容。化学工程与工艺专业实验是为培养和提高学生实验研究能力、工程设计能力、工程实践能力和创新能力而设立的一门课程。它以化学工程与工艺的专业课（化工热力学、化学反应工程、分离工程等）为理论基础，与化工原理实验、毕业论文（设计）等形成完整的工程实验实践教学环节。全书内容共分五章，包括：化工实验基本常识、实验数据处理与实验方案设计、化工基本物理量的测量、化工实验过程中常用检测方法、化学工程与工艺专业实验。化学工程与工艺专业实验包括化工热力学基础数据测试、反应工程、分离工程及化工工艺等相关的典型实验，比较详细地描述了实验原理、实验步骤、数据处理方法及过程等；部分实验内容结合本校教师的科研项目，注重实验项目的综合性，综合运用反应工程、分离工程和化学工艺学的知识，强调实验设计的方法论，使学生的科研能力、创新能力的培养贯穿于整个实验过程。

　　本教材由姚跃良组织编写并担任主编。第1章由姚跃良编写，第2章由姚跃良、王朝阳编写，第3章由姚跃良、韩生编写，第4章由姚跃良、蔺华林编写，第5章由毛海舫、蔺华林、李俊、刘为民、王朝阳、姚跃良编写。

　　本教材的编写得到了上海市应用型本科化学工程与工艺专业建设项目的资助，在此表示感谢。

　　本教材在编写过程中，编者参考了国内部分最新出版的化学工程与工艺专业实验教材和相关文献，在此向相关作者表示感谢。由于编者水平有限，书中难免有疏漏之处，敬请读者批评指正。

编者

2018 年 10 月

目　录

第5章　化学工程与工艺专业实验　64

参考文献　118

第 1 章 化工实验基本常识

化工实验室中经常使用的化学试剂和溶剂大多数都易燃易爆有腐蚀性，而且具有一定的毒性。因此，防火、防爆、防中毒、防烧伤等已成为化工实验中的重要课题。同时，化工实验中所用的仪器有些是玻璃制品，正确使用玻璃仪器，防止意外发生，也尤为重要。并且在实验过程中，经常要使用电器，因此，注意安全用电也非常重要。在化工实验过程中，只要重视安全问题，严格遵守实验操作规程，强化安全措施，就能有效防止事故的发生，使实验安全正常地进行。下面介绍几种实验室事故的预防和处理方法。

1.1 实验室消防知识与安全用电

1.1.1 实验室防火

实验室防火工作应以预防为主，杜绝火灾隐患。下面具体介绍着火原因及消防知识。

（1）着火原因

可燃物质（一切可氧化的物质）、助燃物质（氧化剂）和火源（能够提供一定的温度或能量），是可燃物质燃烧的三个基本要素。着火是化工实验常见事故之一，引起着火的原因很多，其中绝大多数是不按操作规程进行实验造成的，如用敞口容器加热低沸点的溶剂、加热方法不正确等，均可引起着火。因此实验必须严格按操作规程进行。

（2）实验室常用的消防器材

应该知道实验室内各种灭火器材的存放位置，并熟悉其使用方法，一旦发生火灾时可迅速使用。按实验室应急预案进行处置，立即报警（火警电话为119），防止灾情扩大。

① 灭火砂箱　用于扑灭易燃液体和其他不能用水灭火的危险品引起的火灾。砂子能隔断空气并起到降温作用从而灭火，但砂中不能混有可燃性杂物，并且要保持干燥。由于砂箱中存砂有限，故只能扑灭局部小规模的火源；大规模火源，可用不燃性固体粉末扑灭。

② 石棉布、毛毡或湿布、灭火毯　用于扑灭火源区域不大的火灾，也是扑灭衣服着火的常用方法，通过隔绝空气来达到灭火的目的。

③ 泡沫灭火器　实验室多使用手提式泡沫灭火器，外壳用薄钢板制成，内有一个盛有硫酸铝的玻璃胆，胆外装有碳酸氢钠和发泡剂（甘草精）。使用时把灭火器倒置，马上发生

化学反应，生成含 CO_2 的泡沫，泡沫黏附在燃烧物体的表面，形成与空气隔绝的薄层而灭火。适用于扑灭实验室的一般火灾，但泡沫导电，故不能用于扑救电器设备和电线的火灾。

④ 其他灭火器材

a. 四氯化碳灭火器，适用于扑灭电器设备火灾。

b. 二氧化碳灭火器，使用时能降低空气中的含氧量，因此要注意防止现场人员发生窒息。

c. 干粉灭火器，可扑灭易燃液体、气体、带电设备引起的火灾。

d. 1211 灭火器，适用于扑救油类、电器类、精密仪器等火灾。

1.1.2　实验室防爆

（1）化工实验室爆炸事故的两种情况

① 某些化合物容易发生爆炸，如过氧化物、芳香族硝基化合物等，在受热或受到碰撞时，均会发生爆炸。含过氧化物的乙醚在蒸馏时，也有爆炸的危险。乙醇在和浓硝酸混合时，也会引起极强烈的爆炸。

② 仪器安装不正确或操作不当时，也会引起爆炸。如蒸馏或反应时实验装置被堵塞，减压蒸馏时使用不耐压的仪器等。

（2）爆炸事故的预防

① 使用易燃易爆物品时，应严格按照操作规程操作，要特别小心。

② 易爆固体的残渣必须按照规定的流程进行处置。

③ 反应过于猛烈时，应当控制加料速度和反应温度，必要时采取冷却措施。

④ 在用玻璃仪器组装实验装置之前，要先检查玻璃仪器是否破损。

⑤ 常压操作时，不能在密闭体系内进行加热或反应，要经常检查反应装置是否被堵塞；如发现被堵塞，应停止加热或反应，将堵塞排除后再继续加热或反应。

⑥ 减压蒸馏时，仪器必须耐压（不能用平底烧瓶、锥形瓶、薄壁试管等不耐压容器作为接收器或反应器）。

⑦ 常压蒸馏（含）减压蒸馏，均不能将被蒸液体蒸干，以免局部过热或产生过氧化物而发生爆炸。

（3）爆炸事故处理

爆炸事故应以预防为主，一旦发生爆炸危险，按实验室应急预案进行处置，保持镇静，根据险情进行排除或及时报警。

1.1.3　安全用电常识

电对人的伤害可分为内伤与外伤两种，可单独发生，也可同时发生。

（1）电伤危险因素

电流通过人体某一部分即为触电。触电是最直接的电气事故，常常是致命的。其伤害程度与电流强度的大小、触电时间以及人体电阻等因素有关。

实验室常用电压为 $220 \sim 380V$、频率为 $50Hz$ 的交流电，人体的心脏每跳动一次大约有 $0.1 \sim 0.2s$ 的间歇时间，此时对电流最敏感，电流流过人体脊柱和心脏时危害极大。

人体电阻分为皮肤电阻（潮湿时约为 2000Ω，干燥时约为 5000Ω）和体内电阻（150~

500Ω）。随着电压升高，人体电阻相应降低。触电时，因为皮肤破裂而使人体电阻骤然降低，通过人体的电流随之增大而危及人的生命。

（2）防止触电注意事项

① 电气设备要可靠接地，对 220V 的二相电源，应使用带有接地线的三芯插座。

② 一般不要带电进行电器维修操作。特殊情况需要时，必须穿绝缘胶鞋，戴橡皮手套等防护用具。

③ 安装漏电保护装置。一般规定其动作电流不超过 30mA，切断电源时间低于 0.1s。

④ 实验室严禁随意拖拉电线。

1.2 实验室环保知识

实验室排放的废液、废气、废渣等虽然数量不大，但不经过必要的处理直接排放，会对环境和人身造成危害。要特别注意以下几点。

① 实验室所有药品以及中间产品，必须贴上标签，注明名称，防止误用和因情况不明而处理不当造成事故。

② 绝对不允许用嘴去吸移液管液体以获取各种化学试剂和溶液，应使用洗耳球等吸取。

③ 处理有毒或刺激性物质时，必须在通风橱内进行，防止散逸到室内。

④ 废液应根据物质性质的不同分别集中在废液桶内，并贴上标签，以便处理（有些废液不可混合，如过氧化物和有机物、盐酸等挥发性酸和不挥发性酸、铵盐及挥发性胺与碱等）。

⑤ 接触过有毒物质的器皿、滤纸、容器等要分类收集后集中处理。

⑥ 处理废液、废物时，一般要戴上防护眼镜和橡皮手套。处理兼有刺激性、挥发性的废液时，要戴上防毒面具，在通风橱内进行。

1.3 实验室常见事故的处理方法

（1）玻璃割伤

如果为一般轻伤，应及时挤出污血，并用消毒过的镊子取出玻璃碎片，用蒸馏水洗净伤口，涂上碘酒或红汞水，再用绷带包扎；如果为大伤口，应立即用绷带扎紧伤口上部，使伤口停止出血，立即送医院。

（2）酸液或碱液溅入眼中

酸液或碱液溅入眼中应立即用大量水冲洗（进入实验室应注意洗眼器安装位置）。若为酸液，再用质量分数为 1% 的碳酸氢钠溶液冲洗；若为碱液，则再用质量分数为 1% 的硼酸溶液冲洗。最后用水洗。重伤者经初步处理后，立即送医院。

（3）溴液溅入眼中

溴液溅入眼中按酸液溅入眼中事故作急救处理后，立即送医院。

（4）皮肤被酸、碱或溴液灼伤

被酸或碱液灼伤时，伤处首先用大量水冲洗。若为酸液灼伤，再用饱和碳酸氢钠溶液洗；若为碱液灼伤，则再用质量分数为 1% 的醋酸洗。最后都用水洗，再涂上凡士林药膏。

被溴液灼伤时，伤处立刻用石油醚冲洗，再用质量分数为 2% 的硫代硫酸钠溶液洗，然后用蘸有油的棉花擦，再敷以油膏。

1.4 实验室一般注意事项

① 遵守实验室的各项规章制度，听从教师的指导，尊重实验室工作人员的职权。

② 学生在进入实验室时要注意观察有关安全通道，以便在发生意外事故时能及时有效疏散。

③ 保持实验室的整洁。在整个实验过程中，保持桌面和仪器的整洁，保持水槽干净；实验期间严禁烟火。

④ 不得将废液等倒入水槽。

⑤ 公用仪器和工具在指定地点使用，公用药品不能任意挪动，要爱护仪器，节约药品。

⑥ 在实验室内外均备有灭火设备，学生应注意保护，不准随意挪位。

⑦ 实验完毕离开实验室时，应关闭水、电、气体、门、窗等。

1.5 实验要求

为了保证实验的顺利进行，以达到预期的目的，要求学生必须做到如下几点。

(1) 充分预习

实验前要做好预习，并查阅有关手册和参考资料，掌握原料和产品的物性数据，了解实验原理和步骤。

实验预习报告的内容包括：

① 实验目的，写出本次实验要达到的主要目的；

② 实验原理，写出主、副反应式及反应机理、简单叙述操作原理；

③ 实验装置图，画出主要反应装置图，并标明仪器名称；

④ 主要试剂及产物物理常数；

⑤ 主要试剂的用量及规格；

⑥ 实验步骤，画出反应及产品分离纯化过程的流程图；

⑦ 回答问题。

(2) 认真操作

实验时要认真操作，仔细观察各种现象，积极思考，注意安全，保持整洁。不得脱岗。

(3) 做好记录

实验过程中，要及时、准确地记录实验现象和数据，以便对实验现象做出分析和解释。切不可在实验结束后补写实验记录。

实验记录的内容包括：实验环境，包括日期、天气，试剂规格、仪器的规格及品牌，实验场地等。实验时间为每一步操作的实际时间。实验步骤为每一步的实际操作（反应试剂及溶剂等的用量、加料顺序、加热、冷却等）。实验现象如反应液颜色的变化、有无沉淀及气体出现、固体的溶解情况、反应温度、pH 值和加热后反应的变化等，都应认真记录。特别是与预期现象不同时，应按实际情况记录并结合操作步骤作为讨论问题的依据。

（4）书写报告

实验结束后写出实验报告，实验报告一般应包括：实验日期、实验名称、仪器药品、反应原理、操作步骤、结果与讨论、意见和建议等。报告应力求条理清楚、文字简练、结论明确、书写整洁。

第**2**章　实验数据处理与实验方案设计

2.1　实验与测量

　　任何实验都离不开对参数的测量、观察与分析，化学工程与工艺实验课程中也有不少实验参数的测量，如实验温度、压力、流量等参数的测量等。为保证实验结果的可靠性，必须要求实验过程中所测的各项参数的正确性。但由于实验方法和实验设备的不完善，周围环境的影响，以及人的观察力，测量程序等限制，实验测量值和真值之间，总是存在一定的差异，在数值上即表现为误差（或者说偏差）。为了提高实验的精度，缩小实验观测值和真值之间的差值，需要对实验数据误差进行分析和讨论。

　　必须说明的是，实验数据误差分析并不是即成事实的消极措施，而是给研究人员提供参与科学实验的积极武器。通过误差分析，可以认清误差的来源及影响，使我们有可能预先确定导致实验总误差的最大组成因素，并设法排除数据中所包含的无效成分，进一步改进实验方案。实验误差分析也提醒我们注意主要误差来源，精心操作，使研究的准确度得以提高。也可根据误差分析去选择最合适的仪器，进而对实验方法进行改进。下面介绍有关误差的一些基本概念。

2.2　误差的基本概念

2.2.1　误差的来源及分类

　　误差是实验测量值（包括间接测量值）与真值（客观存在的准确值）之差别，误差可以分为下面三类。

　　（1）系统误差

　　由某些固定不变的因素引起的。在相同条件下进行多次测量，其误差的绝对值、符号总是保持恒定，使测量结果永远朝一个方向偏，或误差随条件按一定规律变化。

　　系统误差主要由下述因素引起。

　　① 测量仪器方面：如仪器设计上的缺点，零件制造不标准，安装不正确，未经校准等。假定在实验开始前，为研究而选用的电位计的指针不在零点，并且偏离 0.2mV 时，则在此

电位计读数为 1.2mV 时，实际上为 1mV。

② 环境因素：外界温度、湿度及压力变化引起的误差。如温度的变化将影响物体的长度和导线的电阻；大气压的变化将影响溶液的沸点温度；温度的变化将影响测量仪器而产生系统误差等。

③ 测量方法误差：近似的测量方法或近似的计算公式等引起的误差。

④ 测量人员的习惯偏向或动态测量时的滞后现象，有人对颜色的感觉不灵敏或读数时眼睛的位置总是偏高或偏低等。

总之，系统误差是恒差，单纯增加实验次数无法减少系统误差的影响，因为它在反复测定的情况下常保持同一数值与同一符号，故也称为常差。系统误差有固定的偏向和确定的规律，可按原因采取相应的措施给予校正或用公式消除。

（2）随机误差（偶然误差）

由一些不易控制的因素引起，如测量值的波动，肉眼观察误差等。随机误差与系统误差不同，其误差的数值和符号不确定，它不能从实验中消除，但它服从统计规律，其误差与测量次数有关。随着测量次数的增加，出现的正负误差可以相互抵消，故多次测量的算术平均值接近于真值。

（3）过失误差

由于实验人员粗心大意，如读数错误、记录错误或操作失误引起的误差。这类误差与正常值相差较大。若原因清楚，应及时清除。若原因不明，应根据统计学的 3σ 准则进行判别和取舍（σ 称为标准误差）。所谓 3σ 准则，即如果实验测定量 x_i 与平均值 x_m 的残差 $|x_i - x_m| > 3\sigma$，则该测定值为坏值，应予剔除。

2.2.2 实验数据的真值与平均值

（1）真值

真值是指某物理量客观存在的确定值，它通常是未知的。虽然真值是一个理想的概念，但对某一物理量经过无限多次的测量，出现的误差有正、有负，而正负误差出现的概率是相同的。因此，若不存在系统误差，它们的平均值相当接近于这一物理量的真值。故真值等于测量次数无限多时得到的算术平均值。由于实验工作中观测的次数是有限的，由此得出的平均值只能近似于真值，故称这个平均值为最佳值。

（2）平均值

平均值有算术平均值、几何平均值、平方平均值（均方根平均值）、调和平均值、加权平均值等。平均值的选择主要取决于一组测量值分布的类型，在化工实验和科学研究中，数据的分布一般多属于正态分布，故多可采用算术平均值。

设 x_1，x_2，$\cdots$，x_n 为各次测量值，n 为测量次数，则算术平均值为：

$$x_m = \frac{x_1 + x_2 + \cdots + x_n}{n} = \frac{\sum\limits_{i=1}^{n} x_i}{n}$$

因为测定值的误差分布一般服从正态分布，可以证明算术平均值即为一组等精度测量的最佳值或最可信赖值。

2.2.3 误差的表示方法

(1) 绝对误差

测量值与真值之差的绝对值称为测量值的误差，即绝对误差。在实际工作中常以平均值（最佳值）代替真值，测量值与最佳值之差称为剩余误差，但习惯上也称为绝对误差。

如在实验中对物理量的测量只进行了一次，可根据测量仪器出厂鉴定书注明的误差，或取测量仪器最小刻度值的一半作为单次测量的误差。如某压力表精（确）度为 1.0 级，即表明该仪表最大误差为相当档次最大量程的 1.0%，若最大量程为 0.4MPa，该压力表的最大误差为：

$$0.4 \times 1.0\% = 0.004 \text{MPa}$$

化工实验中最常用的 U 形管压差计、转子流量计、秒表、量筒等仪表原则上均取其最小刻度值为最大误差，而取其最小刻度值的一半作为绝对误差计算值。

(2) 相对误差

绝对误差与真值的绝对值之比，称为相对误差：

$$相对误差 = \frac{绝对误差}{真值} \times 100\%$$

(3) 算术平均误差 (δ)

$$\delta = \frac{\sum_{i=1}^{n} |x_i - x_m|}{n}$$

(4) 标准误差（均方误差，σ）

对有限测量次数，标准误差表示为：

$$\sigma = \sqrt{\frac{\sum_{i=1}^{n}(x_i - x_m)^2}{n-1}}$$

标准误差是目前最常用的一种表示精确度的方法，它不但与一系列测量值中的每个数据有关，而且对其中较大的误差或较小的误差敏感性很强，能较好地反映实验数据的精确度，实验愈精确，其标准误差愈小。

2.2.4 精密度、正确度和精确度

测量的质量和水平，既可以用误差的概念来描述，也可以用精确度等概念来反映，具体介绍如下。

(1) 精密度

在测量中所测得的数值重现的程度，称为精密度。精密度高则随机误差小。

(2) 正确度

在规定条件下，测量中所有系统误差的综合，称为正确度。正确度高则系统误差小。

(3) 精确度

测量值与真值接近的程度，称为精确度，为测量中所有系统误差和随机误差的综合。

对于实验和测量来说，精密度高，正确度不一定高。正确度高，精密度也不一定高。但当精确度高时，则精密度与正确度都高。

图 2-1 表示了精密度、正确度和精确度的含义。

图 2-1　精密度、正确度和精确度的含义示意图

2.3　实验数据的有效数与记数法

2.3.1　有效数字

任何测量结果或计算的量，总是表现为数字，而这些数字就代表了欲测量的近似值。究竟对这些近似值应该取多少位数合适呢？应根据测量仪表的精度来确定，一般应记录到仪表最小刻度的十分之一位。例如：某液面计标尺的最小分度为 1mm，则读数可以到 0.1mm。如在测定时液位高在刻度 524mm 与 525mm 的中间，则应记液面高为 524.5mm，其中前三位是直接读出的，是准确的，最后一位是估计的，是欠准的，该数据为 4 位有效数。如液位恰在 524mm 刻度上，该数据应记为 524.0mm，若记为 524mm，则失去一位（末位）欠准数字。

总之，有效数中应有且只能有一位（末位）欠准数字。

由上可见，当液位高度为 524.5mm 时，最大误差为 ±0.5mm，也就是说误差为末位的一半。

2.3.2　科学记数法

在科学与工程中，为了清楚地表达有效数或数据的精度，通常将有效数写出并在第一位数后加小数点，而数值的数量级由 10 的整数幂来确定，这种以 10 的整数幂来记数的方法称科学记数法。例如：0.0088 应记为 8.8×10^{-3}，88000（有效数 3 位）记为 8.80×10^4。应注意，在科学记数法中，在 10 的整数幂之前的数字应全部为有效数。

2.3.3　有效数字运算规则

有效数字的运算总的原则是，除遵守数学运算法则外，还规定，准确数字与准确数字的运算结果仍为准确数字；存疑数字与任何数字的运算结果均为存疑数字。在有效数字的运算过程中，需要明确 "0" 的双重意义，即作为普通数字使用或作为定位的标志。例如：滴定管读数为 20.30mL。两个 0 都是测量出的值，算做普通数字，都是有效数字，这个数据有效数字位数是四位。改用 "L" 为单位，数据表示为 0.02030L，前两个 0 是起定位作用的，不是有效数字，此数据是四位有效数字。对有效数字的位数有如下规定：

① 改变单位并不改变有效数字的位数；

② 在数字末尾加 0 作定位时，要用科学计数法表示；

③ 在实验数据计算中遇到倍数、分数关系时，视为无限多位有效数字；

④ 对数数值的有效数字位数由该数值的尾数部分决定。

注意：首位为 8 或 9 的数字，有效数字可多计一位。

有效数字的修约规定：当尾数≤4 时则舍，尾数≥6 时则入；尾数等于 5 而后面的数都为 0 时，5 前面为偶数则舍，5 前面为奇数则入；尾数等于 5 而后面还有不为 0 的任何数字，无论 5 前面是奇或是偶都入。例如：将下列数字修约为 4 位有效数字。

修约前　　　　修约后

0.526647·········0.5266

0.36266112······0.3627

10.23500·········10.24

250.65000·········250.6

18.085002·········18.09

3517.46··········3517

由于与误差传递有关，有效数字计算时加减法和乘除法的运算规则不太相同。

① 加减法。计算结果的有效数字以小数点后位数最少的数据决定。计算过程中，先按小数点后位数最少的数据对各个数据进行修约，再进行加减计算。

例：计算 $50.1+1.45+0.5812=$？

先直接计算：$50.1+1.45+0.5812=52.1312$

后修约：52.1

先修约后计算：$50.1+1.4+0.6=52.1$

先修约，结果相同且计算简捷。

例：计算 $12.43+5.765+132.812=$？

先直接计算：$12.43+5.765+132.812=151.007$

后修约：151.01

先修约后计算：$12.43+5.76+132.81=151.00$

根据运算规则，结果应为：151.00

注意：用计算器计算后，屏幕上显示的是 151，但不能直接记录，否则会影响以后的修约；应在数值后添两个 0，使小数点后有两位有效数字。

从上面的例子可以看出，为了保证间接测量值的精度，在设计实验装置时，对所选取的仪器仪表其精度要求一致，否则系统的精度将受到精度较低的仪器仪表限制。

② 乘除法。计算结果的有效数字则以有效数字最少的数据来决定。先按有效数字最少的数据对各数据进行修约，再进行乘除运算，计算结果仍保留相同有效数字。

例：计算 $0.0121×25.64×1.05782=$？

修约为：$0.0121×25.6×1.06=$？

计算后结果为：0.3283456，结果仍保留为三位有效数字，

记录为：$0.0121×25.6×1.06=0.328$

注意：用计算器计算结果后，要按照运算规则对结果进行修约。

例：计算：$2.5046×2.005×1.52=$？

修约为：$2.50×2.00×1.52=$？

计算器计算结果显示为 7.6，只有两位有效数字，但我们抄写时应在数字后加一个 0，保留三位有效数字，即 $2.50 \times 2.00 \times 1.52 = 7.60$。

③ 乘方与开方运算。乘方、开方后的有效数与其底数相同。

④ 对数运算。对数的有效数位数与其真数相同。例如：$\lg 2.35 = 3.71 \times 10^{-1}$；$\lg 4.0 = 6.0 \times 10^{-1}$。

⑤ 在四个数以上的平均值计算中，平均值的有效数字可较各数据中最小有效位数多一位。

⑥ 所有取自手册上的数据，其有效数按计算需要选取，但原始数据如有限制，则应服从原始数据。

⑦ 一般在工程计算中取三位有效数已足够精确，在科学研究中根据需要和仪器的可能，可以取到四位有效数字。

2.4 实验数据处理的基本方法

在整个实验过程中，实验数据处理是一个重要的环节。它的目的是使人们清楚地观察到各变量之间的定量关系，以便进一步分析实验现象，得出规律，指导后续实验的实验方案设计以及工程设计。

数据处理一般常用的有三种方法。

（1）列表法

将实验数据制成表格。它显示了各变量之间的对应关系，反映了变量之间的变化规律，是描绘曲线的基础。

（2）图示法

将实验数据在坐标纸上绘成曲线，直观而清晰地表达出各变量之间的相互关系，分析极值点、转折点、变化率及其他特性，便于比较，还可以根据曲线得出相应的方程式；某些精确的图形还可用于未知数学表达式情况下进行图解积分和微分。

（3）回归分析法

借助于最小二乘法等方法将实验数据进行统计处理，得出最大限度地符合实验数据的拟合方程式，并判断拟合方程的有效性。

2.4.1 列表法

实验数据的初步整理是列表。实验数据表分为实验原始数据记录表和结果综合表两类。

实验原始数据记录表是根据实验内容设计的，记录不同实验的原始数据通常需设计不同的表格，必须在实验正式开始之前设计好表格，记录的是未经任何运算处理的数据。乙苯脱氢制苯乙烯实验的原始数据记录表见表 2-1～表 2-3。

结果综合表记录了经过运算和整理得到的主要实验结果，该表的制定应简明扼要，直接反映主要实验指标与操作参数之间的关系。乙苯脱氢制苯乙烯实验的实验结果表见表 2-4。

列表法应注意以下几点。

① 表头列出变量名称、单位。

② 数字要注意有效数，要与测量仪表的精确度相适应。

③ 数字较大或较小时要用科学记数法，将 $10^{\pm n}$ 记入表头（注意：参数 $\times 10^{\pm n}$ 等于表中数据）。

表 2-1　原始数据记录表

时间	预热器温度/℃	反应器温度/℃	水进料速度/(mL/min)	乙苯进料速度/(mL/min)	备注

表 2-2　物料平衡数据表

序号	原料加入量/mL		产物质量/g			备注
	水	乙苯	油层	水层	合计	

表 2-3　产物组成色谱分析数据表

序号	反应温度/℃	苯乙烯含量/%	乙苯含量/%	甲苯含量/%	苯含量/%

表 2-4　实验结果汇总表

序号	反应温度/℃	乙苯转化率/%	苯乙烯选择性/%	苯乙烯收率/%

④ 科学实验中，记录表格要正规，原始数据要整齐、规范。

2.4.2　图示法

实验数据的图形表示法的优点是直观清晰，便于比较，容易看出数据中的极值点、转折点、周期性、变化率以及其他特性。精确的图形还可以在不知数学表达式的情况下进行微积分运算。

整理实验数据的第一步工作是制表。第二步工作是按表中的数据绘制曲线。一般横坐标表示自变量，纵坐标表示因变量。坐标原点不一定为零，视具体情况而定。坐标分度应与实验数据的有效数字相符，即实验曲线坐标读数的有效安全数字位数与实验数据的位数相同。考虑以上几点后，作出的图就能表示出 x 和 y 之间函数关系的固有形式。亦即在已知 x 和 y 的测量误差条件下，由同一组实验数据得出的函数关系式不因坐标比例的选择不同而改变。如果分度过粗或过细，又不考虑数据误差，将会歪曲图形而导致错误的结论。

将各离散点连接成光滑曲线时，应使曲线尽可能通过较多的实验点，或者使曲线以外的点尽可能位于曲线附近，并使曲线两侧点的数目大致相等。为了评定所作曲线的质量，应计算出曲线对实验数据的均方误差，均方误差小，曲线质量高。

为了使绘制出的曲线能清晰地反映出数据的规律性，绘制曲线时应根据应变量与自变量变化规律及变化幅度的大小，或根据经验判断出该实验结果应具有的函数形式来选择适宜的坐标类型。化工中常用的坐标有直角坐标系、对数坐标和半对数坐标。

坐标类型选择的一般原则是，尽可能使函数图形线性化，即线性函数 $y=a+bx$，选用直角坐标系；指数函数 $y=a^{kx}$，选用半对数坐标系；幂函数 $y=bx^a$，选用对数坐标系。

2.4.3　回归分析法

在科学实验和工程测试中经常得到一系列的测量数据，其数值随着一些因素的改变而变化，我们可以通过在特定的坐标系上描出相应的点，得到反映变量关系的曲线图。如果能找到一个函数关系式，正好反映变量之间如同曲线表示的关系，这就可以把全部测量数据用一个公式来代替，不仅简明扼要，而且便于作进一步的后续运算。通过一系列数据的统计分析，归纳得到函数关系式的方法称为回归。得到的公式称为回归方程，通常也称为经验公式，有时也称为数学模型。

建立回归方程所用的方法称为回归分析法。根据变量个数的不同及变量之间关系的不同，可分为一元线性回归（直线拟合）、一元非线性回归（曲线拟合）、多元线性回归和多项式回归等。其中一元线性回归最常见，也是最基本的回归分析方法。而一元非线性回归通常可采用变量代换，将其转化为一元线性方程回归的问题。

(1) 回归方程的大致步骤如下

① 将输入自变量作为横坐标，输出量即测量值作为纵坐标，描绘出测量曲线。

② 对所描绘曲线进行分析，确定公式的基本形式。如果数据点基本上成一直线，则可以用一元线性回归方法确定直线方程。如果数据点描绘的是曲线，则要根据曲线的特点判断曲线属于何种函数类型。可对比已知的数学函数曲线形状加以对比、区分。如果测量曲线很难判断属于何种类型，则可以按多项式回归处理。

③ 确定拟合方程（公式）中的常量。直线方程表达式为 $y=a+kx$，可根据一系列测量数据确定方程中的常量（即直线的截距 a 和斜率 k），其方法一般有图解法、平均法及最小

二乘法。确定 a、b 后，对于采用了曲线化直线的方程应变换为原来的函数形式。

④ 检验所确定的方程稳定性、显著性。用测量数据中的自变量代入拟合方程计算出函数值，看它与实际测量值是否一致、差别是否显著。通常用标准差来表示，或进行方差分析、F 检验等。如果所确定的公式基本形式有错误，此时应建立另外形式的公式。

如果两个变量之间存在一定的关系，通过测量获得 x 和 y 的一系列数据，并用数学处理方法得出这两个变量之间的关系式，这就是工程上的拟合问题。若两个变量之间关系是线性关系，就称为直线拟合或一元线性回归，如果变量之间的关系是非线性关系，则称为曲线拟合或一元非线性回归。有些曲线关系可以通过曲线化直法变换为直线关系，其实质是自变量（横坐标）的值采用原变量的某种函数值（如对数值），这样就可按一元线性回归方法处理，变为直线拟合的问题。

（2）一元线性方程回归

已知两个变量 x 和 y 之间存在直线关系，在通过试验寻求其关系式时，由于实验、测量过程等存在误差和其他因素的影响，两个变量之间的关系会存在一定的偏离，但试验得到的一系列的数据会基本遵循相应的关系，分析所测得的数据，便可找出反映两者之间关系的经验公式。这是工程上和科研中常会遇到的一元线性方程回归问题。

由于因变量测量中存在随机误差，一元线性方程回归同样可用到最小二乘法处理。

（3）其他线性回归方法

按最小二乘法拟合直线所得的直线关系最能代表测量数据的内在关系，因其标准差最小，但它的计算较为复杂。有时在精度要求不很高或试验数据线性较好情况下，为了减少计算量，可采用如下一些简便的回归方法。

① 分组法（平均值法） 此方法是将全部 N 个测量点值 $(x，y)$，按自变量从小到大顺序排列，分成数目大致相同的两组，前半部 K 个测量点（$K=N/2$ 左右）为一组，其余的 $N-K$ 个测量点为另一组，建立相应的两组方程，两组由实际测量值表示的方程分别作相加处理，得到两个方程组成的方程组，解方程组可求得方程的回归系数。

② 作图法 把 N 个测得数据画在坐标纸上，其大致成一直线，画一条直线使多数点位于直线上或接近此线并均匀地分布在直线的两旁。这条直线便是回归直线，找出靠近直线末端的两个点 $(x_1，y_1)$、$(x_2，y_2)$，用其坐标值按下列公式求出直线方程的斜率 b 和截距 b_0。

$$b = \frac{y_2 - y_1}{x_2 - x_1}$$

$$b_0 = y_1 - bx_1$$

在以上几种方法中，最小二乘法所得拟合方程精确度最高，分组法次之，作图法较差。但最小二乘法计算工作量最大，分组法次之，作图法最为简单。因此，在精确度要求较高的情况应采用最小二乘法，在精度要求不是很高或实验测得的数据线性较好的情况下，才采用简便计算方法，以减少计算工作量。

必须指出：用最小二乘法求解回归方程是以自变量没有误差为前提的。讨论中不考虑输入量有误差，只认为输出量有误差。另外，所得的回归方程一般只适用于原来的测量数据所涉及的变量变化范围，没有可靠的依据不能任意扩大回归方程的应用范围。也就是说，所确定的只是一段回归直线，不能随意延伸。

2.5 实验设计

根据实验内容，拟定一个具体的实验安排表，以指导实验的进行，这项工作称为实验设计，又称为试验设计。把数学上优化理论、技术应用实验设计中，科学地以最少的人力、物力和时间，最大限度地获得丰富、准确、可靠的信息与结论是实验设计的目的。化学工程与工艺专业实验通常涉及多变量多水平的实验设计。目前实验设计方法有析因设计法、正交试验设计法、回归分析法、正交多项式回归法、均匀设计法、单纯形法及 Powel 法等，应用范围也越来越广泛和有效。下面介绍在化学工程与工艺专业实验中较为常用一些实验设计方法。

2.5.1 析因设计法

析因设计是研究变动着的两个或多个因素效应的有效方法。许多实验要求考察两个或多个变动因素的效应。例如，在化工工艺实验中要考察实验温度、反应时间、原料浓度、配比等因素对产品收率影响。将所研究的因素按全部因素的所有水平（位级）的一切组合逐次进行试验，称为析因试验，或称完全析因试验。按照析因设计法，要完成所有因子的考察，实验次数 n、因子数 N 和因子水平数 K 之间的关系为 $n=K^N$。一个 4 因子、3 水平的实验，实验次数为 $3^4=81$。可见，对多因子多水平系统，该法的工作量非常大，一般可采用正交设计法。

2.5.2 正交试验设计法

当析因设计要求的实验次数太多时，一个非常自然的想法就是从析因设计的水平组合中，选择一部分有代表性水平组合进行试验。因此就出现了分式析因设计，但是对于试验设计知识较少的实际工作者来说，选择适当的分式析因设计还是比较困难的。

正交试验设计是研究多因素多水平的又一种设计方法，它是根据正交性从全面试验中挑选出部分有代表性的点进行试验，这些有代表性的点具备了"均匀分散，齐整可比"的特点。正交试验设计是分式析因设计的主要方法，是一种高效率、快速、经济的设计方法。日本著名的统计学家田口玄一将正交试验选择的水平组合列成表格，称为正交表。例如作一个四因素三水平的试验，按全面试验要求，须进行 $3^4=81$ 种组合的试验，且尚未考虑每一组合的重复数。若按 $L_9(3)^4$ 正交表安排试验，只需作 9 次，按 $L_{18}(3)^7$ 正交表进行 18 次试验，显然大大减少了工作量。因而，正交试验设计在很多领域的研究中已经得到广泛应用。

（1）正交表

正交表是一整套规则的设计表格，用 $L_P(n^m)$ 表示。L 为正交表的代号，P 为试验的次数，n 为水平数，m 为列数，也就是可能安排最多的因素个数。例如 $L_9(3^4)$（表 2-5），它表示需作 9 次试验，最多可观察 4 个因素，每个因素均为 3 水平。如 $L_8(2^7)$（表 2-6），此表有 8 行 7 列，需要做 8 次试验，至多可安排 7 个因素，每个因素取 2 个水平。

表 2-5　$L_9(3^4)$

试验号	列号			
	1	2	3	4
1	1	1	1	1
2	1	2	2	2

试验号	列号			
	1	2	3	4
3	1	3	3	3
4	2	1	2	3
5	2	2	3	1
6	2	3	1	2
7	3	1	3	2
8	3	2	1	3
9	3	3	2	1

表 2-6 $L_{13}(2^7)$

试验号	列号						
	1	2	3	4	5	6	7
1	1	1	1	1	1	1	1
2	1	1	1	2	2	2	2
3	1	2	2	1	1	2	2
4	1	2	2	2	2	1	1
5	2	1	2	1	2	1	2
6	2	1	2	2	1	2	1
7	2	2	1	1	2	2	1
8	2	2	1	2	1	1	2

正交表具有以下两项性质。

① 每一列中，不同的数字出现的次数相等。例如在两水平正交表中，任何一列都有数码"1"与"2"，且任何一列中它们出现的次数是相等的；如在三水平正交表中，任何一列都有"1"、"2"、"3"，且在任一列的出现数均相等。

② 任意两列中数字的排列方式齐全而且均衡。例如在两水平正交表中，任何两列（同一横行内）有序对子共有 4 种：（1，1）、（1，2）、（2，1）、（2，2）。每种对数出现次数相等。在三水平情况下，任何两列（同一横行内）有序对共有 9 种，（1，1）、（1，2）、（1，3）、（2，1）、（2，2）、（2，3）、（3，1）、（3，2）、（3，3），且每对出现数也均相等。

以上两点充分体现了正交表的两大优越性，即"均匀分散性，整齐可比"。通俗地说，每个因素的每个水平与另一个因素各水平各碰一次，这就是正交性。

（2）交互作用表

每一张正交表后都附有相应的交互作用表，它是专门用来安排交互作用试验。表 2-7 就是 $L_8(2^7)$ 表的交互作用表。

表 2-7 $L_8(2^7)$ 两列间的交互作用

1	2	3	4	5	6	7	列号
(1)	3	2	5	4	7	6	1
	(2)	1	6	7	4	5	2
		(3)	7	6	5	4	3

续表

1	2	3	4	5	6	7	列号
			(4)	1	2	3	4
				(5)	3	2	5
					(6)	1	6
						(7)	7

安排交互作用的试验时，是将两个因素的交互作用当作一个新的因素，占用一列，为交互作用列，从表2-7中可查出 $L_8(2^7)$ 正交表中的任何两列的交互作用列。表中带（ ）的为主因素的列号，它与另一主因素的交互列为第一个列号从左向右，第二个列号顺次由下向上，二者相交的号为二者的交互作用列。例如将 A 因素排为第（1）列，B 因素排为第（2）列，两数字相交为3，则第3列为 $A \times B$ 交互作用列（见表2-8）。又如，可以看到第4列与第6列的交互列是第2列，依此类推。

（3）正交试验的表头设计

表头设计是正交设计的关键，它承担着将各因素及交互作用合理安排到正交表的各列中的重要任务，因此一个表头设计就是一个设计方案。

表头设计的主要步骤如下。

① 确定列数　根据试验目的，选择处理因素与不可忽略的交互作用，明确其共有多少个数，如果对研究中的某些问题尚不太了解，列可多一些，但一般不宜过多。当每个试验号无重复，只有 1 个试验数据时，可设 2 个或多个空白列，作为计算误差项之用。

② 确定各因素的水平数　根据研究目的，一般二水平（有、无）可作因素筛选用；也适用于试验次数少、分批进行的研究。三水平可观察变化趋势，选择最佳搭配；多水平能以一次满足试验要求。

③ 选定正交表　根据确定的列数（c）与水平数（t）选择相应的正交表。例如观察 5 个因素 8 个一级交互作用，留两个空白列，且每个因素取 2 水平，则适宜选 $L_{16}(2^{15})$ 表。由于同水平的正交表有多个，如 $L_8(2^7)$、$L_{12}(2^{11})$、$L_{16}(2^{15})$，一般只要表中列数比考虑需要观察的个数稍多一点即可，这样省工省时。

④ 表头安排　应优先考虑交互作用不可忽略的处理因素，按照不可混杂的原则，将它们及交互作用首先在表头排妥，而后再将剩余各因素任意安排在各列上。例如，某项目考察 4 个因素 A、B、C、D 及 $A \times B$ 交互作用，各因素均为 2 水平，现选取 $L_8(2^7)$ 表（见表2-8），由于 A、B 两因素需要观察其交互作用，故将二者优先安排在第1、2列，根据交互作用表查得 $A \times B$ 应排在第3列，于是 C 排在第4列，由于 $A \times C$ 交互在第5列，$B \times C$ 交互作用在第6列，虽然未考查 $A \times C$ 与 $B \times C$，为避免混杂之嫌，D 就排在第7列。

表 2-8　$L_8(2^7)$ 表头设计

列号 因素数	1	2	3	4	5	6	7
3	A	B	$A \times B$	C	$A \times C$	$B \times C$	
4	A	B	$A \times B$ $C \times D$	C	$A \times C$ $B \times D$	$B \times C$ $A \times D$	D

⑤ 组织实施方案　根据选定正交表中各因素占有列的水平数列，构成实施方案表，按

试验号依次进行，共作 n 次试验，每次试验按表中横行的各水平组合进行。例如 $L_9(3^4)$ 表，若安排四个因素，第一次试验 A、B、C、D 四因素均取 1 水平，第二次试验 A 因素 1 水平，B、C、D 取 2 水平，……，第九次试验 A、B 因素取 3 水平，C 因素取 2 水平，D 因素取 1 水平。实验结果数据记录在该行的末尾。因此，整个设计过程可用一句话归纳："因素顺序上列、水平对号入座，实验横着作"。

（4）二水平有交互作用的正交试验设计与方差分析

例 2.1 某研究室研究影响某试剂回收率的四个因素，包括温度、反应时间、原料来源、原料配比，每个因素都为二水平，各因素及其水平见表 2-9。选用 $L_8(2^7)$ 正交表进行实验，为方便计算 $y_i=$ 回收率 -90，计算时用 y_i 表示回收率，实验结果见表 2-10。

表 2-9　因素与水平

因素	水平		因素	水平	
	1	2		1	2
A 温度/℃	80	90	C 原料来源	生产厂 1	生产厂 2
B 反应时间/h	2	3	D 原料配比	1:1.5	1:2.0

表 2-10　某溶剂回收率的正交实验 $L_8(2^7)$ 表结果

试验号	1 A	2 B	3 $A\times B$	4 C	5	6	7	试验结果 回收率/%	y_i/%
1	1	1	1	1	1	1	1	86	−4
2	1	1	1	2	2	2	2	95	5
3	1	2	2	1	1	2	2	91	1
4	1	2	2	2	2	1	1	94	4
5	2	1	2	1	2	1	2	91	1
6	2	1	2	2	1	2	1	96	6
7	2	2	1	1	2	2	1	83	−7
8	2	2	1	2	1	1	2	88	−2
T_{1j} T_{2j}	6 −2	8 −4	−8 12	−9 13			−1 5	$T=724$	$Q_T=146$
R_j	8	12	20	−22			−6		
Q_j	8.0	18.0	50.0	60.5			4.5		

　　试验采用 $L_8(2^7)$ 表头设计，A、B 间又交互作用，优先安排 A、B 在第 1、第 2 列，$A\times B$ 交互作用排在第 3 列，再将因素 C 排在第 4 列。A、C 间相互作用 $A\times C$ 排在第 5 列，而 B、C 间相互作用 $B\times C$ 排在第 6 列，现虽不考虑这两个交互作用，但也可能有微小的作用，为避免可能产生的混杂，将因素 D 安排在第 7 列。

　　按正交表指定的条件完成各项试验，并将试验和统计计算结果一并列于表 2-11。

　　用方差分析法对试验结果统计

$$Q_T=\sum_{k=1}^{p}(y_k-\bar{y})^2=\sum_{k=1}^{p}y_k^2-\frac{T^2}{p}=146.0$$

$$Q_j=r\sum_{i=1}^{n}\left(\frac{T_{ij}}{r}-\frac{T}{p}\right)^2=\frac{1}{r}\sum_{i=1}^{n}T_{ij}^2-\frac{T^2}{p}=\frac{R_j^2}{p}$$

对二水平的正交表：由于 $T=T_{1j}+T_{2j}$，$R_j=|T_{1j}-T_{2j}|$，$p=2r$，因此有

$$Q_j=r\sum_{i=1}^{n}\left(\frac{T_{ij}}{r}-\frac{T}{2r}\right)^2=\frac{1}{r}\sum_{i=1}^{2}\left(T_{ij}-\frac{T_{1j}+T_{2j}}{2}\right)^2=\frac{R_j^2}{p}$$

$$Q_e=Q_T-Q_A-Q_B-Q_{A\times B}-Q_D=146-8-18-50-60.5-4.5=5$$

$$v_T=p-1=7,\quad v_A=v_B=v_{A\times B}=v_C=v_D=1$$

$$F_j=\frac{Q_j/v_j}{Q_e/v_e}$$

式中，Q_T 是总的变差平方和；Q_j 是因素 j 的变差平方和；Q_e 是误差的平方和；v_j 是 Q_j 的自由度；v_e 是 Q_e 的自由度。

分析结果见表 2-11。

表 2-11 四种因素对某溶剂回收率的正交实验方差分析

方差来源	变差平方和	自由度 v	方差估计值	F 值	临界值	显著性	最优水平
A	8.0	1	8.0	3.2			A_2
B	18.0	1	18.0	7.2			B_1
$A\times B$	50.0	1	50.0	20	$F_{0.05}(1,2)=18.5$	显著	
C	60.5	1	60.5	24.2	$F_{0.01}(1,2)=98.5$	显著	C_2
D	4.5	1	4.5	1.8			D_2
e	5	2	2.5				
总和	146.0	7					

从表 2-11 可以看出，在 $\alpha=0.05$ 水准上，因素 C 与 $A\times B$ 交互作用有统计学意义，对回收率有显著影响。因素 A、B、D 对回收率无显著影响。

因素 C 对回收率有显著影响，C_2 比 C_1 的回收率高，即采用生产厂 2 原料的回收率显著高于生产厂 1 的原料。由于因素 A、B 的影响不显著，但 $A\times B$ 的交互作用又显著，需要作因素 A 和 B 的搭配效果表，以选取 A 和 B 的合适水平搭配，表 2-12 列出本例的水平搭配的回收率。

表 2-12 水平搭配回收率

B ＼ A	水平 1	水平 2
水平 1	$(y_1+y_2)/2=0.5$	$(y_5+y_6)/2=3.0$
水平 2	$(y_3+y_4)/2=2.5$	$(y_7+y_8)/2=-4.5$

搭配数据分析表明，因素 A 取水平 2，因素 B 取水平 1 为好，即反应温度 90℃，反应时间 2h。

因素 D 对回收率的影响不显著，但选择水平 2 稍好。由此，合适的试验条件搭配为 $A_2B_1C_2D_2$。

有时因素和因素间交互作用均有显著影响，当单独考虑因素较优水平与考虑交互作用较优水平矛盾时，一般应优先选择其交互作用的较优水平。

第**3**章 化工基本物理量的测量

在化工生产和实验研究中，经常测量的量有温度、压力、流量等。用来测量这些参数的仪表称为化工测量仪表。不论是选用、购买或自行设计，要做到使用合理，必须对测量仪表有一个初步的了解。仪表的准确度对实验结果影响最大，而且仪表的选用必须符合工作的需要，选用或设计合理，既可节省投资，又能获得满意的结果。本章对温度、压力和流量测量时所用的仪表的原理、特性及安装应用，做一简要的介绍。

3.1 温度的测量及控制

3.1.1 温标

温度是表征体系中物质内部大量分子、原子平均动能的一个宏观物理量。物体内部分子、原子平均动能的增加或减少，表现为物体温度的升高或降低。物质的物理化学特性，都与温度有密切的关系，温度是确定物体状态的一个基本参量，因此，温度的准确测量和控制在化工实验中十分重要。

温度是一种特殊的物理量，两个物体的温度只能相等或不等。为了表示温度的高低，需要建立温标。温标就是测量温度时必须遵循的规定，国际上先后制定了几种温标。

① 摄氏温标是目前全世界使用比较广泛的一种温标，用符号"C"表示，单位是℃。摄氏温标规定在标准大气压（101.325kPa）下，冰水混合物的温度为0℃，水的沸点为100℃，中间划分为100等份，每等份为1℃。

② 1848年开尔文（Kelvin）提出热力学温标，通常也叫做绝对温标，符号T，单位K（开尔文，简称开），它是建立在卡诺循环基础上的。

设理想的热机在T_2和T_1（$T_2 > T_1$）二温度之间工作，工作物质在T_2吸热Q_2，在T_1放热Q_1，经一可逆循环对外做功。

$$W = |Q_2| - |Q_1|$$

热机效率（η）：

$$\eta = 1 - \left| \frac{Q_1}{Q_2} \right| = 1 - \frac{T_1}{T_2}$$

卡诺循环中T_2和T_1仅与热量Q_2和Q_1有关，与工作物质无关，在任何工作范围内均具有线性关系，是理想的科学的温标。若规定一个固定温度 T_2，则另一个温度可由式 $T_2=(Q_2/Q_1)T_1$ 求得。

理想气体在定容下的压力（或定压下的体积）与热力学温度呈严格的线性函数关系。因此，国际上选定气体温度计，用它来实现热力学温标。氦、氢、氮等气体在温度较高、压强不太大的条件下，其行为接近理想气体。所以，这种气体温度计的读数可以校正成为热力学温标。热力学温标规定，"热力学温度单位开尔文（K）是水三相点热力学温度的 1/273.15"。热力学温标与摄氏温度分度值相同，只是差一个常数。

$$T=273.15+t$$

由于气体温度计的装置复杂，使用不方便，为了统一国际间的温度量值，1927 年拟定了"国际温标"，建立了若干可靠而又能高度重现的固定点。随着科学技术的发展，又经多次修订，现在采用的是 1990 国际温标（ITS-90），其定义的温度固定点、标准温度计和计算的内插公式请参阅中国计量出版社出版的《1990 国际温标宣贯手册》和《1990 国际温标补充资料》。

3.1.2 水银温度计

水银温度计是实验室常用的温度计。它的优点是：水银容易提纯、热导率大、比热容小、热膨胀系数较均匀、不易附着在玻璃壁上、不透明、便于读数等。水银温度计适用范围为 238.15～633.15K（水银的熔点为 234.45K，沸点为 629.85K），如果用石英玻璃作管壁，充入氮气或氩气，最高使用温度可达到 1073.15K。如果水银中掺入 8.5% 的铊（Tl）则可以测量到 213.2K 的低温。

（1）水银温度计的读数误差来源

① 水银膨胀不均匀。此项较小，一般情况下可忽略不计。

② 玻璃球体积的改变。一支精细的温度计，每隔一段时间要作定点校正，以作为温度计本身的误差。

③ 压力效应。通常温度计读数是相对外界压力为 10^5 Pa 而言的，故当压力改变时，应对压力产生的影响进行校正。对于直径为 5～7mm 的水银球，压力系数的数量级约为 0.1℃/10^5 Pa。

④ 露颈误差。水银温度计有"全浸"与"非全浸"两种。"全浸"指测量温度时，只有温度计全部水银柱浸在介质内时，所示温度才正确。"非全浸"指温度计的水银球及部分毛细管浸在加热介质中。如果一支温度计原来全浸没标定刻度而在使用时未完全浸没的话，则由于器外温度与被测体温度的不同，必然会引起误差。

⑤ 其他误差。如延迟误差，由于温度计水银球与被测介质达到热平衡时需要一定的时间，因此在快速测量时，时间太短容易引起误差。此外，还有辐射误差，以及刻度不均匀、水银附着及毛细现象等引起的误差。

（2）水银温度计校正

① 读数校正

其一，以纯物质的熔点或沸点作为标准进行校正。

其二，以标准水银温度计为标准，与待校正的温度计同时测定某一体系的温度，将对应值一一记录，作出校正曲线。使用时利用校正曲线对温度计进行校正。

标准水银温度计由多支测量范围不同的温度计组成，每支都经过计量部门的鉴定，读数准确。

② 露茎校正 "非全浸"的温度计常在背后附有浸入量的校正刻度。一般常用的多是"全浸"温度计，但在使用时往往不可能做到"全浸"状态，因此必须按下列公式进行校正：

$$t_c = t + kl(t - t_0)$$

式中，t_c 是温度的正确值；t 是温度计的读数值；t_0 是辅助温度计读数（放置在露出器外水银柱一半位置处）；l 是露出待测体系外部的水银柱长度，称为露茎高度（以度数表示）；k 是水银对于玻璃的膨胀系数，使用摄氏度时，$k = 0.00016$。

（3）使用水银温度计的注意事项

① 温度计应尽可能垂直放置，以免温度计内部水银压力不同而引起误差。

② 防止骤冷骤热，以免引起破裂和变形。

③ 不能以温度计代替搅拌棒。

④ 根据测量需要，选择不同量程、不同精度的温度计。

⑤ 根据测量精度需要对温度计进行各种校正。

⑥ 温度计插入待测体系后，待体系温度与温度计之间的热传导达到平衡后进行读数。

3.1.3 贝克曼（Beckmann）温度计

贝克曼温度计是一种能够精确测量温差的温度计，见图 3-1。有些实验，如燃烧热、凝固点降低法测分子量等，要求测量的温度准确到 $0.002℃$，显然一般的水银温度计不能满足

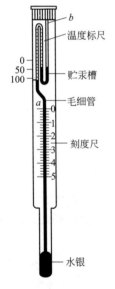

图 3-1 贝克曼
温度计
a—最高刻度；
b—毛细管末端

要求，但贝克曼温度计可以达到此测量精度要求。它不能测量温度的绝对值，但可以很精确地测量温差。它与普通温度计的区别在于下端有一个大的水银球，球中的水银量根据不同的起始温度而定，它是借助于温度计顶端的贮汞槽来调节的，刻度范围只有 $5 \sim 6℃$，每度又分为 100 等分。借助于放大镜可以读准到 $0.01℃$，估计到 $0.002℃$。调节时只要把一定的水银移出或移入毛细管顶端的贮汞槽就可以了。显然，被测体系的温度越低，水银量就要越大。

贝克曼温度计的刻度有两种标法：一种是小读数刻在刻度尺的上端，最大读数刻在下端，用来测量温度下降值，称为下降式贝克曼温度计；另一种正好相反，最大读数刻在刻度尺上端，最小读数刻在下端，称为上升式贝克曼温度计。现在还有更灵敏的贝克曼温度计，刻度标尺总共为 $1℃$ 或 $2℃$，最小的刻度为 $0.002℃$。

贝克曼温度计调节方法如下。

（1）接通水银柱

通过恒温浴加热水银球的方法使上下水银接通，中间任何地方不准断开。

（2）调节水银量

首先测量（或估计）a 到 b 一段长度所对应的温度。将贝克曼温度计与另一支普通温度计插入盛水的烧杯中，加热烧杯，贝克曼温度计中的水银柱就会上升，由普通温度计可以读出 a 到 b 段长度所对应的温度值 $R(℃)$。

把温度计的水银球插入比待测温度高出 $5℃ + R$（沸点升高的确定）或高出 R（对凝固

点降低的测定）的水中（水的温度可由一支水银温度计量出）待平衡后，迅速将贝克曼温度计取出，用甩或轻轻震动的方法使水银在毛细管与贮汞槽接点处断开，把多余的水银移到贮汞槽处。

（3）验证所调温度

把调好的贝克曼温度计断开水银丝后，插入 t（℃）的水中，检查水银柱是否落在预先确定的刻度内，如不合适，应检查原因，重新调节。

由于不同温度下水银密度不同，因此在贝克曼温度计上每 100 小格未必真正代表 1℃，因此在不同温度范围内使用时，必须作刻度的校正，校正值见表 3-1。

贝克曼温度计下端水银球的玻璃很薄，中间的毛细管很细，价格较贵。因此，使用时要特别小心，不要同任何硬的物件相碰，不要骤冷、骤热，用完后必须立即放回盒内，不可随意放置。

表 3-1　贝克曼温度计读数校正值表

调整温度/℃	读数 1℃ 相当的摄氏度数	调整温度/℃	读数 1℃ 相当的摄氏度数
0	0.9936	55	1.0093
5	0.9953	60	1.0104
10	0.9969	65	1.0115
15	0.9985	70	1.0125
20	1.0000	75	1.0135
25	1.0015	80	1.0144
30	1.0029	85	1.0153
35	1.0043	90	1.0161
40	1.0056	95	1.0169
45	1.0069	100	1.0176
50	1.0081		

3.1.4　其他液体温度计

其他液体温度计也是利用液体热胀冷缩的原理指示温度。水银温度计测量的下限为238.15K，更低的温度必须用其他方法测量。最简单的方法就是将水银温度计中的水银改用凝固点更低的液体，而其结构不变。常用的液体为含有 8.5％铊汞齐（可测至 213K）、甲苯（可测至 173K）和戊烷（可测至 83K）等。普通的酒精温度计也属于这一类，但酒精在各温度范围内体积膨胀线性不好，准确度较差，一般仅在精确度要求不高的工作中使用。有机溶剂组成的温度计还常常加入一些有色物质，以便于观察。

3.1.5　热电偶温度计

（1）基本原理

热电偶与热电阻均属于温度测量中的接触式测温，尽管其作用相同都是测量物体的温度，但是其原理与特点却不尽相同。

热电偶是温度测量中应用最广泛的温度器件，主要特点就是测温范围宽，性能比较稳定，同时结构简单，动态响应好，更能够远传 4～20mA 电信号，便于自动控制和集中控制。

热电偶温度计的基本原理是基于赛贝克（Seeback）效应，即两种不同成分的导体两端连接成回路，如两连接端温度不同，则在回路内产生热电流的物理现象。闭合回路中产生的热电势由两种电势组成，温差电势和接触电势，如图 3-2 所示。温差电势 $E_A(T, T_0)$ 与 $E_B(T, T_0)$，是指同一导体的两端因温度不同而产生的电势，不同的导体具有不同的电子密度，所以产生的电势也不相同；接触电势 $E_{AB}(T)$ 与 $E_{AB}(T_0)$，顾名思义就是指两种不同的导体相接触时，由于电子密度不同产生了一定的电子扩散，当达到一定的平衡后所形成的电势，接触电势的大小取决于两种不同导体的材料性质以及它们接触点的温度。

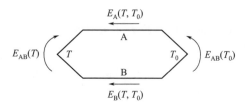

图 3-2 热电偶回路电势分布

这样，在热电偶回路中产生的总电势 $E_{AB}(T, T_0)$ 由四部分组成：

$$E_{AB}(T, T_0) = E_{AB}(T) + E_B(T, T_0) - E_{AB}(T_0) - E_A(T, T_0)$$

由于热电偶的接触电势远远大于温差电势，且 $T > T_0$，所以在总电势 $E_{AB}(T, T_0)$ 中，以导体 A、B 在 T 端的接触电势 $E_{AB}(T)$ 为最大，故总电势 $E_{AB}(T, T_0)$ 的方向取决于 $E_{AB}(T)$ 的方向。

热电偶总电势与两种材料的电子密度及两接点温度有关，电子密度不仅取决于热电偶材料的特性，而且随温度变化而变化，它并非常数。所以，当热电偶材料一定时，热电偶的总电势成为 T 和 T_0 的函数差。又由于冷端温度 T_0 固定，则对一定材料的热电偶，其总电势 $E_{AB}(T, T_0)$ 就只与温度 T 成单值函数关系：

$$E_{AB}(T, T_0) = f(T) - C$$

（2）热电偶温度计工作原理

热电偶温度计测量温度就是利用这种原理进行温度测量的，其中，直接用作测量介质温度的一端叫做工作端（也称为测量端），另一端叫做冷端（也称为补偿端）；冷端与显示仪表或配套仪表连接，显示仪表会指出热电偶所产生的热电势，如图 3-3 所示。

图 3-3 热电偶温度计工作原理图

（3）热电偶温度计

目前国际上应用的热电偶具有一个标准规范，国际上规定热电偶分为八个不同的分度，分别为 B，R，S，K，N，E，J 和 T，其最低测量温度为 -270℃，最高可达 1800℃，其中 B，R，S 属于铂系列的热电偶，由于铂属于贵重金属，所以又被称为贵金属热电偶，而剩下的几个则称为廉价金属热电偶。热电偶的结构有两种，普通型和铠装型。普通性热电偶一般由热电极、绝缘管、保护套管和接线盒等部分组成，而铠装型热电偶则是将热电偶丝、绝缘材料和金属保护套管三者组合装配后，经过拉伸加工而成的一种坚实的组合体。为了将热电偶的冷端从测温点的高温处移到环境温度较稳定的地方外，同时能节省大量价格较高的贵金属和性能稳定的稀有金属，需要一种特殊的导线来进行传递，这种导线我们称为补偿导线；使用补偿导线也便于安装和线路的敷设；用较粗直径和电导率大的补偿导线代替热电偶线，可以减少热电偶回路电阻，以利于动圈式显示仪表的正常工作。不同的热电偶需要不同的补偿导线，其主要作用就是与热电偶连接，使热电偶的参比端远离电源，从而使参比端温度稳定。补偿导线又分为补偿型和延长型两种，延长导线的化学成分与被补偿的热电偶相同，但是实际中，延长型的导线也并不是用和热电偶相同材质的金属，一般采用和热电偶具有相同电子密度的导线代替。补偿导线和热电偶、仪表连接时，正负极不能接错，而且两端接点要处于相同的温度。一般的补偿导线的材质大部分都采用铜镍合金。工业上常用热电偶的特点及使用范围见表 3-2。

表 3-2 常用热电偶测温范围

名称	分度号	测量范围/℃	适用气氛	稳定性
铂铑 30-铂铑 6	B	200～1800	氧化、中性	＜1500℃,优;＞1500℃,良
铂铑 13-铂	R	−40～1600	氧化、中性	＜1400℃,优;＞1400℃,良
铂铑 10-铂	S		氧化、中性	
镍铬-镍硅(铝)	K	−270～1300	氧化、中性	中等
镍铬硅-镍硅	N	−270～1260	氧化、中性、还原	良
镍铬-康铜	E	−270～1000	氧化、中性	中等
铁-康铜	J	−40～760	氧化、中性、还原、真空	＜500℃,良;＞500℃,差
铜-康铜	T	−270～350	氧化、中性、还原、真空	−170～200℃,优
钨铼 3-钨铼 25	WRe3-WRe25	0～2300	中性、还原、真空	中等
钨铼 5-钨铼 26	WRe5-WRe26		中性、还原、真空	

根据热电偶测温原理 $E(t,t_0)=f(t)-f(t_0)$，只有当参比端温度 t_0 稳定不变且已知时，才能得到热电势 E 和被测温度 t 的单值函数关系。实际使用的热电偶分度表中，热电势和温度的对应值是以 $t_0=0℃$ 为基础的，但在实际测温中由于环境和现场条件等原因，参比端温度 t_0 往往不稳定，也不一定恰好等于 0℃，因此需要对热电偶冷端温度进行处理。常用的冷端补偿方法有如下几种。

① 零度恒温法（冰浴法） 这是一种精度最高的处理方法，可以使 t_0 稳定地维持在 0℃。将碎冰和纯水的混合物放在保温瓶中，再把细玻璃试管插入冰水混合物中，在试管底部注入适量的油类或水银，热电偶的参比端就插到试管底部，满足 $t_0=0℃$ 的要求，见图 3-4。

② 计算修正法 在没有条件实现冰点法时，可以设法把参比端置于已知的恒温条件，得到稳定的 t_0，再根据分度表查得 $E(t_0,0)$；根据中间温度定律公式计算得到 $E(t,0)=E(t,t_0)+E(t_0,0)$。然后根据所测得的热电势 $E(t,0)$ 和查的 $E(t_0,0)$ 二者之和再去查热电偶分度表，即可得到被测量的实际温度 t。

③ 冷端补偿器法 采用冷端补偿器电路，见图 3-5，其结构特点：$R_1=R_2=R_3=1\Omega$，采用锰铜丝无感绕制，其电阻温度系数趋于零。R_4 用铜丝无感绕制，其电阻温度系数约为 $4.3\times10^{-3}℃^{-1}$，当温度为 0℃ 时 $R_4=1\Omega$，$R_1\sim R_4$ 组成不平衡电桥（补偿器）。仪表输入端电压为热电势 $E_{AB}(t,t_0)$ 与电桥不平衡电势 U_{ba} 之和，即 $E(t,t_0)=E_{AB}(t,t_0)+U_{ba}$。

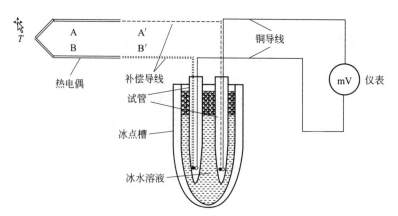

图 3-4　热电偶温度计参比端零度恒温法

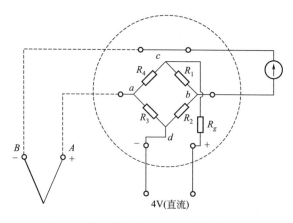

图 3-5　热电偶温度计参比端补偿器电路

补偿原理：不平衡电动势 U_{ba} 补偿（抵消）热电偶因冷端温度波动引起的误差。过程如下：

$$t_0 \uparrow \begin{cases} E(t,t_0) \downarrow \longrightarrow \\ R_4 \uparrow \rightarrow U_a \downarrow \rightarrow U_{ba} \uparrow \nearrow \end{cases} E = E(t,t_0) \downarrow + U_{ba} \uparrow$$

只要冷端补偿器电路设计合理，使 U_{ba} 的增加值恰等于 $E_{AB}(t,t_0)$ 的减少量，那么指示仪表所测得的总电势 $E(t,t_0) = E_{AB}(t,t_0) + U_{ba}$ 将不随 t_0 而变，相当于热电偶参比端自动处于 0℃。

④ 补偿导线法　补偿导线是在一定温度范围内（包括常温）具有与所匹配的热电偶的热电动势的标称值相同的一对带有绝缘层的导线。用它们连接热电偶与测量装置，从而可将热电偶的参比端移到离被测介质较远且温度比较稳定的场合，以免参比端温度受到被测介质的热干扰。热电偶温度计参比端补偿导线法见图 3-6。

$$E = E_{AB}(t,t_0') + E_{A'B'}(t_0',t_0) = E_{AB}(t,t_0)$$

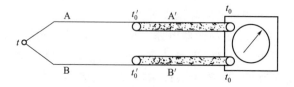

图 3-6　热电偶温度计参比端补偿导线法

⑤ 仪表机械调零法（现场近似法） 在不需精确测量的前提下，且热电偶冷端温度较为稳定，可将显示仪表的机械零点先调整到 t_0（按温度刻度）或者 E（t_0,0）（按毫伏刻度），从而实现近似补偿。该法常见于动圈式仪表中。

有时为了使温差电势增大，增加测量精确度，可将几个热电偶串联成热电堆使用，热电堆的温差电势等于各个电偶热电势之和，见图3-7。

温差电势可以用电位差计或毫伏计测量。精密的测量可使用灵敏检流计或电位差计。使用热电偶温度计测定温度，就得把测得的电动势换算成温度值，因此就要做出温度与电动势的校正曲线。

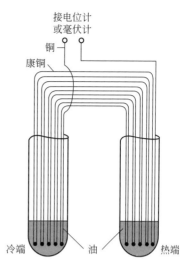

图 3-7 热电偶串联成热电堆的连接方式

（4）热电偶的校正方法

① 利用纯物质的熔点或沸点进行校正 由于纯物质发生相变时的温度是恒定不变的，因此，挑选几个已知沸点或熔点的纯物质分别测定其加热或步冷曲线（mV-T 关系曲线），曲线上水平部分所对应的 mV 数值即相应于该物质的熔点或沸点，据此作出 mV-T 曲线，即为热电偶温度计的工作曲线。在以后的实际测量中，只要使用的是这套热电偶温度计，就可使用这条工作曲线确定待测体系的温度。

② 利用标准热电偶校正 将待校热电偶与标准热电偶（电势与温度的对应关系已知）的热端置于相同的温度处，进行一系列不同的温度点的测定，同时读取 mV 数值，借助于标准热电偶的电动势与温度的关系而获得待校热电偶温度计的一系列 mV-T 关系，制作工作曲线。高温下，一般常用铂-铂铑为标准热电偶。

③ 使用热电偶温度计应注意的问题

a. 易氧化的金属热电偶（铜-康铜）不应插在氧化气氛中，易还原的金属热电偶（铂-铂铑）则不应插在还原气氛中。

b. 热电偶可以和被测物质直接接触的，一般都直接插在被测物中；如不能直接接触的，则需将热电偶插在一个适当的套管中，再将套管插在待测物中，在套管中加适当的石蜡油，以便改进导热情况。

c. 冷端的温度需保证准确不变，一般放在冰水中。

d. 接入测量仪表前，需先小心判别其"＋"、"－"端。

e. 选择热电偶时应注意，在使用温度范围内，温差电势与温度最好呈线性关系。并且选温差电势的温度系数大的热电偶，以增加测量的灵敏度。

3.1.6 热电阻温度计

热电阻是中低温区最常用的一种温度检测器。它的主要特点是测量精度高，性能稳定。其中铂热电阻的测量精确度是最高的，它不仅广泛应用于工业测温，而且被制成标准的基准仪。

与热电偶测温原理不同的是，热电阻是基于电阻的热效应进行温度测量的，即电阻体的阻值随温度的变化而变化的特性。因此，只要测量出感温热电阻的阻值变化，就可以测量出温度。目前主要有金属热电阻和半导体热敏电阻两类。

金属热电阻的电阻值和温度一般可以用以下的近似关系式表示，即：

$$R_t = R_{t0}[1 + \alpha(t - t_0)]$$

式中，R_t 为温度 t 时的阻值；R_{t0} 为温度 t_0（通常 $t_0 = 0℃$ 时）对应电阻值；α 为温度系数。

半导体热敏电阻的阻值和温度关系为：

$$R_t = A e^{B/t}$$

式中，R_t 为温度为 t 时的阻值；A、B 是取决于半导体材料的结构的常数。

相比较而言，半导体热敏电阻的温度系数更大，常温下的电阻值更高（通常在数千欧以上），但互换性较差，非线性严重，测温范围只有 $-50 \sim 300℃$，大量用于家电和汽车用温度检测和控制。金属热电阻一般适用于 $-200 \sim 500℃$ 范围内的温度测量，其特点是测量准确、稳定性好、性能可靠，在工程控制中的应用极其广泛。

（1）热电阻材料

热电阻测温是基于金属导体的电阻值随温度的增加而增加这一特性来进行温度测量的。热电阻大都由纯金属材料制成，目前应用最多的是铂和铜，此外，现在已开始采用镍、锰和铑等材料制造热电阻。

（2）热电阻种类

① 普通热电阻　通常都由电阻体、绝缘子、保护套管和接线盒四个部分组成。

a. 铂电阻体　是用很细的铂丝绕在云母、石英或陶瓷支架上做成的，形状有平板形、圆柱形及螺旋形等。常用的 WZB 型铂电阻体由直径 $0.03 \sim 0.07mm$ 的铂丝绕在云母片制成的平板形支架上而成。云母片的边缘上开有锯齿形的缺口，铂丝绕在齿缝内以防短路。铂丝绕成的绕组两面盖以云母片绝缘。

b. 铜电阻体　是一个铜丝绕组（包括锰铜补偿部分），由直径为 $0.1mm$ 的高强度漆包铜线用双线无感绕法绕在圆柱形塑料支架上而成。为了防止铜丝松散，加强机械固紧以及提高其导热性能，整个元件经过酚醛树脂（或环氧树脂）的浸渍处理，而后还必须进行烘干（同时也起老化作用），烘干温度为 $120℃$，保持 $24h$，然后冷却至常温，再把铜丝绕组的出线端子与镀银铜丝制成的引出线焊牢，并穿以绝缘套管，或直接用绝缘导线与其焊接。

② 铠装热电阻　铠装热电阻是将陶瓷骨架或玻璃骨架的感温元件装入细不锈钢管内，其周围用氧化镁牢固填充，保证它的 3 根引线与保护管之间，以及引线相互之间良好绝缘。充分干燥后，将其端头密封再经模具拉制成坚实的整体，称为铠装热电阻。它的外径一般为 $\phi 2 \sim 8mm$，最小可达 $\phi 0.25mm$。与普通型热电阻相比，它有下列优点：

a. 体积小，内部无空气隙，热惯性小，测量滞后小；

b. 机械性能好、耐振，抗冲击；

c. 能弯曲，便于安装；

d. 使用寿命长。

③ 端面热电阻　端面热电阻感温元件由特殊处理的电阻丝材绕制，紧贴在温度计端面。它与一般轴向热电阻相比，能更正确和快速地反映被测端面的实际温度，适用于测量轴瓦和其它机件的端面温度。

④ 隔爆型热电阻　隔爆型热电阻通过特殊结构的接线盒，把其外壳内部爆炸性混合气体因受到火花或电弧等影响而发生的爆炸局限在接线盒内，生产现场不会引起爆炸。隔爆型

热电阻可用于 Bla～B3c 级区内具有爆炸危险场所的温度测量。

（3）工业上常用金属热电阻

从电阻随温度的变化来看，大部分金属导体都有这个性质，但并不是都能用作测温热电阻。作为热电阻的金属材料一般要求：尽可能大而且稳定的温度系数、电阻率要大（在同样灵敏度下减小传感器的尺寸）、在使用的温度范围内具有稳定的化学物理性能、材料的复制性好、电阻值随温度变化要有函数关系（最好呈线性关系）。

目前应用最广泛的热电阻材料是铂和铜：铂电阻精度高，适用于中性和氧化性介质，稳定性好，具有一定的非线性，温度越高电阻变化率越小；铜电阻在测温范围内电阻值和温度呈线性关系，温度线数大，适用于无腐蚀介质，但超过 150℃ 易被氧化。铂电阻最常用的有 $R_0 = 10\Omega$、$R_0 = 100\Omega$ 和 $R_0 = 1000\Omega$ 等几种，它们的分度号分别为 Pt10、Pt100、Pt1000；铜电阻有 $R_0 = 50\Omega$ 和 $R_0 = 100\Omega$ 两种，它们的分度号为 Cu50 和 Cu100。其中 Pt100 和 Cu50 的应用最为广泛。

（4）热电阻的信号连接方式

热电阻是把温度变化转换为电阻值变化的一次元件，通常需要把电阻信号通过引线传递到计算机控制装置或者其他一次仪表上。工业用热电阻安装在生产现场，与控制室之间存在一定的距离，因此热电阻的引线对测量结果会有较大的影响。

目前热电阻的引线主要有三种方式。

① 二线制　在热电阻的两端各连接一根导线来引出电阻信号的方式叫二线制。这种引线方法很简单，但由于连接导线必然存在引线电阻 r，r 大小与导线的材质和长度的因素有关，因此这种引线方式只适用于测量精度较低的场合。

② 三线制　在热电阻的根部的一端连接一根引线，另一端连接两根引线的方式称为三线制。这种方式通常与电桥配套使用，可以较好地消除引线电阻的影响，是工业过程控制中的最常用的引线电阻。

③ 四线制　在热电阻的根部两端各连接两根导线的方式称为四线制。其中两根引线为热电阻提供恒定电流 I，把 R 转换成电压信号 U，再通过另两根引线把 U 引至二次仪表。可见这种引线方式可完全消除引线的电阻影响，主要用于高精度的温度检测。

工业上一般都采用三线制接法。采用三线制是为了消除连接导线电阻引起的测量误差。这是因为测量热电阻的电路一般是不平衡电桥。热电阻作为电桥的一个桥臂电阻，其连接导线（从热电阻到中控室）也成为桥臂电阻的一部分，这一部分电阻是未知的且随环境温度变化，造成测量误差。采用三线制，将导线一根接到电桥的电源端，其余两根分别接到热电阻所在的桥臂及与其相邻的桥臂上，这样消除了导线线路电阻带来的测量误差。

3.1.7　恒温技术及装置

物质的物理化学性质，如黏度、密度、蒸气压、表面张力、折射率等都随温度而改变，要测定这些性质必须在恒温条件下进行。一些物理化学常数如平衡常数、化学反应速率常数等也与温度有关，这些常数的测定也需恒温，因此，掌握恒温技术非常必要。

恒温控制可分为两类。一类是利用物质的相变点温度来获得恒温，如液氮（77.3K）、干冰（194.7K）、冰-水（273.15K）、$Na_2SO_4 \cdot 10H_2O$（305.6K）、沸水（373.15K）、沸点萘（491.2K）等。这些物质处于相平衡时构成一个"介质浴"将需要恒温的研究对象置于这个介质浴中，就可以获得一个高度稳定的恒温条件，如果介质是纯物质，则恒温的温度就是该介质的相变温度，而不必另外精确标定。其缺点是恒温温度不能随意调节。另外一类是利用电子调节系统进行温度控制，如电冰箱、恒温水浴、高温电炉等。此方法控温范围宽、可以任意调节设定温度。

电子调节系统种类很多，但从原理上讲，它必须包括三个基本部件，即变换器、电子调节器和执行系统。变换器的功能是将被控对象的温度信号变换成电信号；电子调节器的功能是对来自变换器的信号进行测量、比较、放大和运算，最后发出某种形式的指令，使执行系统进行加热或致冷（见图3-8）。电子调节系统按其自动调节规律可以分为断续式二位置控制和比例-积分-微分（PID）控制两种，简介如下。

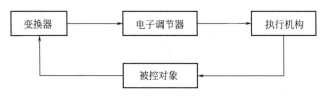

图 3-8　电子调节系统的控温原理

（1）断续式二位置控制

实验室常用的电烘箱、电冰箱、高温电炉和恒温水浴等，大多采用这种控制方法。变换器的形式有多种，简单介绍如下。

① 双金属膨胀式　利用不同金属的线膨胀系数不同，选择线膨胀系数差别较大的两种金属，线膨胀系数大的金属棒在中心，另外一个套在外面，两种金属内端焊接在一起，外套管的另一端固定，见图3-9。在温度升高时，中心的金属棒便向外伸长，伸长长度与温度成正比。通过调节触点开关的位置，可使其在不同温度区间内接通或断开，达到控制温度的目的。其缺点是控温精度差，一般有几开的范围。

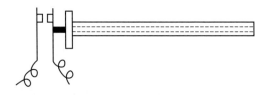

图 3-9　双金属膨胀式温度控制器示意图

② 导电表　若控温精度要求在1K以内，实验室多用导电表（水银接触温度计）作变换器。接触温度计的控制主要是通过继电器来实现的。

③ 动圈式温度控制器　温度控制表、双金属膨胀类变换器不能用于高温，而动圈式温度控制器可用于高温控制。采用能工作于高温的热电偶作为变换器，动圈式温度控制器的原理如图3-10所示。

插在电炉中的热电偶将温度信号变为电信号，加于动圈式毫伏表的线圈上。该线圈用张丝悬挂于磁场中，热电偶的信号可使线圈有电流通过而产生感应磁场，与外磁场作用使线圈转动。当张丝扭转产生的反力矩与线圈转动的力矩平衡时，转动停止。此时动圈偏转的角度与热电偶的热电势成正比。动圈上装有指针，指针在刻度板上指出了温度数值。指针上装有铝旗，在刻度板后装有前后两半的检测线圈和控温指针，可机械调节左右移动，用于设定所需的温度。当加热时铝旗随指示温度的指针移动，当上升到所需温度时，铝旗进入检测线圈，与线圈平行切割高频磁场，产生高频涡流电流使继电器断开而停止加热；当温度降低时，铝旗走出检测线圈，使继电器闭合又开始加热。这样使加热器断、续工作。炉温升至给定温度时，加热器停止加热，低于给定温度时再开始加热，温度起伏大，控温精度差。

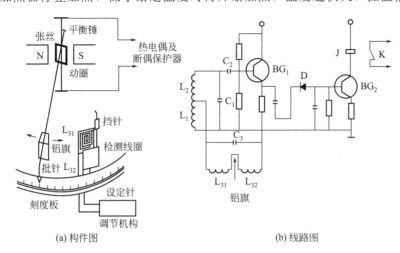

(a) 构件图　　　　　　　　　　　　(b) 线路图

图 3-10　动圈式温度控制器

（2）比例-积分-微分控制（PID）

随着科学技术的发展，要求控制恒温和程序升温或降温的范围日益广泛，要求的控温精度也大大提高，在通常温度下，使用上述的断续式二位置控制器比较方便，但是由于只存在通、断两个状态，电流大小无法自动调节，控制精度较低，特别在高温时精度更低。20世纪60年代以来，控温手段和控温精度有了新的进展，广泛采用 PID 调节器，使用可控硅控制加热电流随偏差信号大小而作相应变化，提高了控温精度。

可控硅自动控温仪仍采用动圈式测量机构，但其加热电压按比例（P）积分（I）和微分（D）调节，达到精确控温的目的。

PID 调节中的比例调节是调节输出电压与输入量（偏差电压）的比例关系。比例调节的特点是，在任何时候输出和输入之间都存在一一对应的比例关系，温度偏差信号越大，调节输出电压越大，使加热器加热速度越快；温度偏差信号变小，调节输出电压变小，加热器加热速率变小；偏差信号为 0 数时，比例调节器输出电压为零，加热器停止加热。这种调节，速度快，但不能保持恒温，因为停止加热会使炉温下降，下降后又有偏差信号，再进行调节，温度总是在波动。为改善恒温情况而再加入积分调节。积分调节是调节输出量与输入量随时间的积分成比例关系，偏差信号存在，经长时间的积累，就会有足够的输出信号。若把比例调节、积分调节结合起来，在偏差信号大时，比例调节起作用，调节速度快，很快使偏差信号变小；当偏差信号接近零时，积分调节起作用，仍能有一定的输出来补偿向环境散发的热量，使温度保持不变。微分调节是调节输出量与输入量变化速度之间的比例关系，即微分调节是由偏差信号的增长速度的大小来决定调节作用的大小。不论偏差本身数值有多大，只要这偏差稳定不变，微分调节就没有输出，不能减小这个偏差，所以微分调节不能单独使用。控温过程中加入微分调节可以加快调节过程，在温差大时，比例调节使温差变化，这时再加入微分调节，根据温差变化速度输出额外的调节电压，加快了调节速度。当偏差信号变小，偏差信号变化速率也变小时，积分调节发挥作用，随着时间的延续，偏差信号越小，发挥主要作用的就越是积分调节，直到偏差为 0，温度恒定。所以，PID 调节有调节速度快、稳定性好、精度高的自动调节功能。

3.2 压力的检测及变送

在化工生产和实验中，经常遇到流体静压强的测量问题，如考察液体流动阻力，用截流式流量计测量流量，化工过程的操作压力或真空度等。

压力测量仪表按工作原理分为液柱式、弹性式、负荷式和电测式等类型。

液柱式压力计，它是以一定高度的液柱所产生的压力，与被测压力相平衡的原理测量压力的。大多是一根直的或弯成 U 形的玻璃管，其中充以工作液体。常用的工作液体为蒸馏水、水银和酒精。因玻璃管强度不高，并受读数限制，因此所测压力一般不超过 0.3MPa。它的特点是，液柱式压力计灵敏度高，因此主要用作实验室中的低压基准仪表，以校验工作用压力测量仪表。由于工作液体的重度在环境温度、重力加速度改变时会发生变化，对测量的结果常需要进行温度和重力加速度等方面的修正。

弹性式压力测量仪表是利用各种不同形状的弹性元件，在压力下产生变形的原理制成的压力测量仪表。弹性式压力测量仪表按采用的弹性元件不同，可分为弹簧管压力表、膜片压力表、膜盒压力表和波纹管压力表等；按功能不同分为指示式压力表、电接点压力表和远传压力表等。这类仪表的特点是结构简单，结实耐用，测量范围宽，是压力测量仪表中应用最多的一种。

负荷式压力测量仪表常称为负荷式压力计，它是直接按压力的定义制作的，常见的有活塞式压力计、浮球式压力计和钟罩式压力计。由于活塞和砝码均可精确加工和测量，因此这类压力计的误差很小，主要作为压力基准仪表使用，测量范围从数十帕至 2500MPa。

电测式压力测量仪表是利用金属或半导体的物理特性，直接将压力转换为电压、电流信号或频率信号输出，或是通过电阻应变片等，将弹性体的形变转换为电压、电流信号输出。代表性产品有压电式、压阻式、振频式、电容式和应变式等压力传感器所构成的电测式压力测量仪表。精确度可达 0.02 级，测量范围从数十帕至 700MPa。

压阻式压力传感器是利用半导体材料硅在受压后，电阻率改变与所受压力有一定关系的原理制作的。用集成电路工艺在单晶硅膜片的特定晶向上扩散一组等值应变电阻，将电阻接成电桥形式。当压力发生变化时，单晶硅产生应变，应变使电阻值发生与被测压力成比例的变化，电桥失去平衡，输出一电压信号至显示仪表显示。

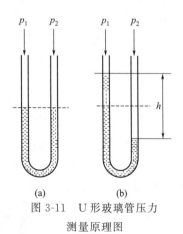

图 3-11 U 形玻璃管压力测量原理图

3.2.1 常用压力检测仪表

（1）液柱式压力计

根据流体静力学原理，将被测压力转换成液柱高度进行测量，一般采用充有水或水银等液体的玻璃 U 形管、单管或斜管进行压力测量，常用于低压、负压和差压的检测。

图 3-11 所示的 U 形管内装有一定数量的液体，U 形管一侧通压力 p_1，另一侧通压力 p_2。当 $p_1 = p_2$ 时，左右两管的液体高度相等。当 $p_1 < p_2$ 时，两边管内液面便会产生高度差。

根据液体静力学原理可知：

$$\Delta p = p_2 - p_1 = \rho g h$$

式中，ρ 为 U 形管内液体的密度；g 为重力加速度；h 为 U 形管左右两管液柱差。

上式说明两管口的被测压力之差 Δp 与两管液柱差 h 成正比。

如把压力 p_1 一侧改为通大气 p_0，p_2 一侧通被测压力，则 $p_2 = \rho g h$。这样根据两管的液柱差即可得到被测压力的大小。

如果把 U 形管的一个管换成大直径的杯，即可变成如图 3-12 所示的单管（b）或斜管（c）。测压原理与 U 形管相同，当大容器通入被测压力 p，管中通入大气压 p_0，只是因为杯径比管径大得多，杯内液位变化可略去不计，使计算及读数更为简易，被测压力仍可写成 $p = \rho g h$。

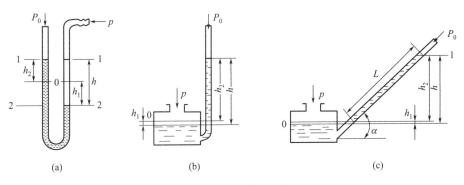

图 3-12　液柱式压力计

液柱式压力计具有直观、数据可靠、准确度高等优点，它不仅能测表压、差压，还能测负压，是科学研究和实验研究中常用的压力检测工具。

U 形管只能测量较低的压力或差压（不可能将玻璃管做得很长），另外它只能现场指示，压力值须通过读数并进行计算得到，使用不太方便。水、酒精和水银是常用的液体，测量范围 0～16kPa，精度 1%。

使用液柱式压力计时应注意：当地重力加速度修正；压力计应垂直安装使用，如果不能垂直安装，应对读数进行修正；应根据被测介质的特性和压力的测量范围选择合适的工作液；在使用时，被测压力的瞬时值不能超过测量范围。

（2）弹性式压力检测仪表

弹性式压力检测仪表的基本原理是，用弹性元件作为压力敏感元件，把压力转换成弹性元件的位移，并经适当的机械传动和放大机构，通过指针指示被测压力大小的一种压力表。弹性元件的示意图见图 3-13。

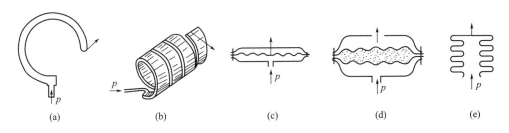

图 3-13　弹性元件示意图

弹性式压力检测仪表组成环节如图 3-14 所示。

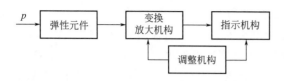

图 3-14　弹性式压力检测仪表组成

弹性元件是核心部分，其作用是感受压力并产生弹性变形；在弹性元件与指示机构之间是变换放大机构，其作用是将弹性元件的变形进行变换和放大；指示机构（如指针与刻度标尺）用于给出压力示值；调整机构用于调整零点和量程。

弹性元件在同样的压力下，不同结构、不同材料会产生不同的弹性变形。常用的弹性元件有弹簧管、波纹管、薄膜等。其中波纹膜片和波纹管多用于微压和低压测量；单圈和多圈弹簧管可用于高、中、低压或真空度的测量；弹性元件常用的材料有铜合金、弹性合金、不锈钢等，各适用于不同的测压范围和被测介质。

弹簧管压力表（见图 3-15）结构简单、使用方便、价格低廉，它测量范围宽，可以测量负压、微压、低压、中压和高压（可达 1000MPa），仪表的准确度等级最高为 0.1 级，所以弹簧管压力表是化工生产与实验中常用的压力检测仪表。

被测介质的性质和被测介质的压力高低决定了弹簧管的材料。对于普通介质，当 $p<20MPa$ 时，弹簧管采用磷铜；当 $p>20MPa$ 时，则采用不锈钢或合金钢。对于腐蚀性介质，一方面可采用隔离膜和隔离液，另一方面也可采用耐腐蚀的弹簧管材料。如测氨介质时须采用不锈钢弹簧管，测量氧气压力时，则严禁沾有油脂，以确保安全使用。

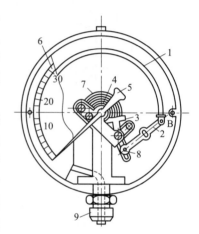

图 3-15　弹簧管压力表
1—弹簧管；2—拉杆；
3—扇形齿轮；4—中心齿轮；
5—指针；6—面板；7—游丝；
8—调整螺钉；9—接头

（3）电气式压力检测仪表

也是利用弹性元件作为敏感元件，但在仪表中增加了转换元件（或装置）和转换电路，能将弹性元件的位移转换为电信号输出，实现信号的远传。电远传式压力仪表常称压力传感器；如果输出的电信号为标准的电流或电压信号，则称为压力变送器。

① 力平衡式压力变送器　力平衡是力矩平衡的简称。根据输出信号的不同有气动压力变送器和电动压力变送器。气动压力变送器（如气动单元组合仪表 QDZ）使用 140kPa 的空气压力作为气源，其输出为 20～100kPa 的空气压力信号。电动压力变送器又有（电动单元组合仪表）DDZ-Ⅱ型和 DDZ-Ⅲ型两种，前者使用 220V 交流电压，输出为 0～10mA 的电流信号；后者使用 24V 直流电源，输出为 4～20mA 的电流信号。

② 电容式压力变送器　电容式压力传感器采用变电容测量原理，将由被测压力引起的弹性元件的位移变形转变为电容的变化，用测量电容的方法测出电容量，便可知道被测压力的大小。

③ 霍尔式压力变送器　霍尔效应是指把一块霍尔元件置于均匀磁场中，并使霍尔片与磁感应强度 B 的方向垂直，在沿着霍尔片的左右两个纵向端面上通入恒定的控制电流 I，则会在霍尔片的两个横向端面之间形成电位差 U_H，此电位差称为霍尔电势，原理见图 3-16。

$$U_H=\frac{R_H IB}{d}$$

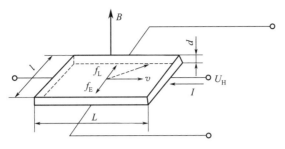

图 3-16 霍尔效应

霍尔元件的特性常用灵敏度 K_H 表示，即：

$$K_H = \frac{R_H}{d}$$

则：
$$U_H = K_H I B$$

利用霍尔式压力变送器实现压力-位移-霍尔电势的转换。它的原理如图 3-17 所示。当被测压力为零时，霍尔元件的上半部分感受的磁力线方向为从左至右，而下部分感受的磁力线方向从右至左，它们的方向相反，而大小相等，相互抵消，霍尔电动势为零。当被测微压力从进气口进入弹性波纹膜盒时，膜盒膨胀，带动杠杆（起位移放大作用）的末端向下移动，从而使霍尔器件在磁路系统中感受到的磁场方向以从右至左为主，产生的霍尔电动势为正值。如果被测压力为负压，杠杆端部上移，霍尔电动势为负值。由于波纹膜盒的灵敏度很高，又有杠杆的位移放大作用，所以可用来测量微小压力的变化。霍尔压力变送器也可由弹簧管与霍尔式位移传感器构成。霍尔式位移传感器是将霍尔元件放置在由磁钢产生的恒定梯度磁场中构成的。

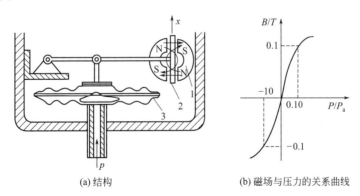

(a) 结构   (b) 磁场与压力的关系曲线

图 3-17 霍尔式压力变送器原理示意图

1—磁钢；2—霍尔片；3—弹性波纹膜盒

④ 电感式压力变送器 首先用弹性元件将被测压力转换成弹性元件的位移，再用电学的方法将位移转换成自感或互感系数的变化，最后由测量电路转换成与被测压力成正比的电流或电压输出。在压力测量中，差动变压器应用比较广泛。变气隙式差动电感压力变送器见图 3-18。

⑤ 谐振式 依靠被测压力改变弹性元件或与弹性元件相连的振动元件的谐振频率，经过适当的电路输出脉冲频率信号或电流（电压）信号。根据谐振原理的不同，谐振式压力传感器有振弦式、振膜式及振筒式几种振弦的内应力发生变化，使振弦的振动频率相应地变

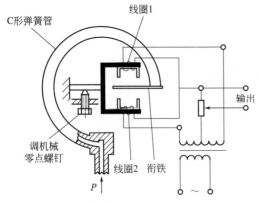

图 3-18　变气隙式差动电感压力变送器

化。振弦的自振频率取决于其长度、材料密度和内应力。

（4）物性型压力检测仪表

基于物质定律基础，敏感元件感受被测压力，并将压力的大小转换成敏感元件的某个物理量输出。由于该物理量常常是一种电量信号，因此这类传感器也是电远传式的。主要有应变式压力传感器、压阻式压力传感器和压电式压力传感器等。

① 应变式　金属电阻应变片的工作原理基于电阻应变效应。导体在外界作用下产生机械变形（拉伸或压缩）时，其电阻值相应发生变化，这种现象称为电阻应变效应。

为了使应变片能在受压力作用时产生应变，应变片一般要和弹性元件一起使用，电阻温度系数补偿，由于应变式压力传感器的响应速度较快，故这种压力传感器较多地用于一般要求的动态压力检测。

② 压阻式　压阻式压力传感器的压力敏感元件是压阻元件，它是基于压阻效应工作的。所谓压阻元件实际上就是指在半导体材料的基片上用集成电路工艺制成的扩散电阻，当它受外力作用时，其阻值由于电阻率的变化而改变。扩散电阻正常工作时需依附于弹性元件，常用的是单晶硅膜片。图 3-19（a）是压阻式压力传感器的结构示意图。压阻芯片采用周边固定的硅杯结构，封装在外壳内。在一块圆形的单晶硅膜片上，布置四个扩散电阻，两片位于受压应力区，另外两片位于受拉应力区，它们组成一个全桥测量电路，见图 3-19（b）。硅膜片用一个圆形硅杯固定，两边有两个压力腔，一个和被测压力 p 相连接的高压腔，另一个是低压腔，接参考压力，通常和大气相通。当存在压差时，膜片产生变形，使两对电阻的阻值发生变化，电桥失去平衡，其输出电压反映膜片两边承受的压差大小。

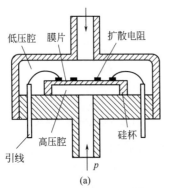
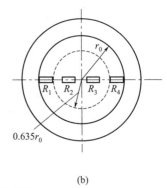

图 3-19　压阻式压力传感器

压阻式压力传感器的特点：体积小，结构简单，易于微小型化，目前国内生产出直径 $\phi 1.8 \sim 2\mathrm{mm}$ 的压阻式压力传感器；灵敏度高，频率响应高；测量范围宽，可测低至 10Pa 的微压到高至 60MPa 的高压；精度高，工作可靠，其精度可达 $\pm 0.2\% \sim 0.02\%$；需进行温度补偿，固态压力传感器，集成压力传感器。

③ 压电式　压电元件受压时会在其表面产生电荷，其电荷量与所受的压力成正比。利用压电元件构成的压力传感器称为压电式压力传感器，如图 3-20。

压电式压力传感器特点：体积小，结构简单紧凑，工作可靠；测量范围宽，可测 100MPa 以下的压力；测量精度较高；线性度好；频率响应高，可达 30kHz，是动态压力检测中常用的传感器。由于压电元件存在电荷泄漏，故不适宜测量缓慢变化的压力和静态压力。

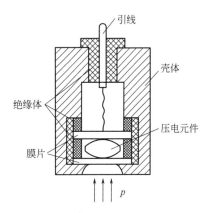

图 3-20　压电式压力传感器

3.2.2　压力检测仪表的选用

压力检测仪表的选用是一项重要工作。类型的选择必须从生产工艺要求、被测介质的性质、使用环境条件等方面综合考虑，要考虑生产工艺是否要求压力信号现场指示、远传、报警、自动记录；被测介质有无腐蚀性、温度大小、温度与压力高低、易燃易爆情况、是否易结晶等；现场环境条件如振动、电磁场、腐蚀性、高低温等问题。正确选用仪表类型是保证仪表正常工作及生产安全进行的主要前提，如果选用不当，不仅不能正确、及时地反映被测对象压力的变化，还可能引起事故。所以选用时应根据具体情况，全面考虑，并本着节约的原则合理地考虑仪表的量程、精度、类型等。选用时主要应考虑以下几个方面。

① 仪表的材料　压力检测的特点是压力敏感元件往往要与被测介质直接接触，因此在选择仪表材料的时候要综合考虑仪表的工作条件。例如，对腐蚀性较强的介质应使用像不锈钢之类的弹性元件或敏感元件；氨用压力仪表则要求仪表的材料不允许采用铜或铜合金，因为氨气对铜的腐蚀性极强；氧用压力仪表在结构和材质上可以与普通压力仪表完全相同，但要禁油，因为油进入氧气系统极易引起爆炸。

② 仪表的输出信号　对于只需要观察压力变化的情况，应选用如弹簧管压力表甚至液柱式压力计那样的直接指示型的仪表；如需将压力信号远传到控制室或其他电动仪表，则可选用电气式压力检测仪表或其他具有电信号输出的仪表；如果控制系统要求能进行数字量通信，则可选用智能式压力检测仪表。

③ 仪表的使用环境　对爆炸性较强的环境，应选择防爆型压力仪表；对于温度特别高或特别低的环境，应选择温度系数小的敏感元件以及其他变换元件。

3.2.3　压力检测仪表的安装注意事项

进行压力检测，实际上需要一个测量系统来实现。要做到准确测量，除对仪表进行正确选择和检定（校准）外，还必须注意整个系统的正确安装。如果只是仪表本身准确，其示值并不能完全代表被测介质的实际参数，因为测量系统的误差并不等于仪表的误差。

系统的正确安装包括取压口的开口位置、连接导管的合理铺设和仪表安装位置的正确等。

(1) 取压口的位置选择

① 避免处于管路弯曲、分叉及流束形成涡流的区域。

② 当管路中有突出物体（如测温组件）时，取压口应取在其前面。

③ 当必须在调节阀门附近取压时，若取压口在其前，则与阀门距离应不小于 2 倍管径；若取压口在其后，则与阀门距离应不小于 3 倍管径。

④ 对于宽广容器，取压口应处于流体流动平稳和无涡流的区域。总之，在工艺流程上确定的取压口位置应能保证测得所要选取的工艺参数。

（2）连接导管的铺设

连接导管的水平段应有一定的斜度，以利于排除冷凝液体或气体。当被测介质为气体时，导管应向取压口方向低倾；当被测介质为液体时，导管则应向测压仪表方向倾斜；当被测参数为较小的差压值时，倾斜度可再稍大一点。此外，如导管在上下拐弯处，则应根据导管中介质情况，在最低点安置排泄冷凝液体装置或在最高处安置排气装置，以保证在相当长的时间内不会因导管中积存冷凝液体或气体而影响测量的准确度。冷凝液体或气体要定期排放。

（3）测压仪表的安装及使用注意事项

① 仪表应垂直于水平面安装。

② 仪表测定点与仪表安装处在同一水平位置，否则应考虑附加高度误差的修正。

③ 仪表安装处与测定点之间的距离应尽量短，以免指示迟缓。

④ 保证密封性，不应有泄漏现象出现，尤其是易燃易爆气体介质和有毒有害介质。

仪表在下列情况使用时应加附加装置，但不应产生附加误差，否则应考虑修正。

① 为了保证仪表不受被测介质侵蚀或介质黏度太大、结晶的影响，应加装隔离装置。

② 为了保证仪表不受被测介质的急剧变化或脉动压力的影响，加装缓冲器。尤其在压力剧增和压力陡降时，最容易使压力仪表损坏报废，甚至弹簧管崩裂，发生泄漏现象。

③ 为了保证仪表不受振动的影响，压力仪表应加装减振装置及固定装置。

④ 为了保证仪表不受被测介质高温的影响，应加装充满液体的弯管装置。

⑤ 专用的特殊仪表，严禁他用，也严禁在没有特殊可靠的装置上进行测量，更严禁用一般的压力表作特殊介质的压力测量。

⑥ 对于新购置的压力检测仪表，在安装使用之前，一定要进行计量检定，以防压力仪表在运输途中震动、损坏或由于其他因素破坏准确度。

测量蒸汽、腐蚀性介质压力时测压仪安装示意图见图 3-21。

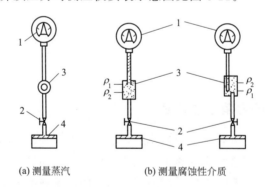

(a) 测量蒸汽　　　　(b) 测量腐蚀性介质

图 3-21　测量蒸汽、腐蚀性介质压力时测压仪表安装示意图

1—压力表；2—切断阀；3—隔离罐；4—生产设备；ρ_1、ρ_2—隔离液和被测介质的密度

3.3 流量的测量与变送

工业生产过程中另一个重要参数就是流量。流量就是单位时间内流经某一截面的流体数

量。流量可用体积流量和质量流量来表示，其单位分别用 m³/h、L/h 和 kg/h 等。

流量计是指测量流体流量的仪表，它能指示和记录某瞬时流体的流量值；计量表（总量表）是指测量流体总量的仪表，它能累计某段时间间隔内流体的总量，即各瞬时流量的累加和，如水表、煤气表等。

流体的密度受流体的工作状态（如温度、压力）影响。对于液体，压力变化对密度的影响非常小，一般可以忽略不计。温度对密度的影响要大一些，一般温度每变化 10℃ 时，液体密度的变化约在 1% 以内，所以在温度变化不是很大、测量准确度要求不是很高的情况下，往往也可以忽略不计。对于气体，密度受温度、压力变化影响较大，如在常温常压附近，温度每变化 10℃，密度变化约为 3%；压力每变化 10kPa，密度约变化 3%。因此，在测量气体流量时，必须同时测量流体的温度和压力。为了便于比较，常将在工作状态下测得的体积流量换算成标准状态下（温度为 20℃，压力为 101325Pa）的体积流量，用符号 q_{VN} 表示，单位符号为 m³/s。

实验及生产过程中各种流体的性质各不相同，流体的工作状态及流体的黏度、腐蚀性、导电性也不同，很难用一种原理或方法测量不同流体的流量。尤其工业生产过程，其情况复杂，某些场合的流体是高温、高压，有时是气液两相或液固两相的混合流体。目前流量测量的方法很多，测量原理和流量传感器（或称流量计）也各不相同，从测量方法上一般可分为以下三大类。

（1）速度式

速度式流量传感器大多是通过测量流体在管路内已知截面流过的流速大小来实现流量测量的。它是利用管道中流量敏感元件（如孔板、转子、涡轮、靶子、非线性物体等）把流体的流速变换成压差、位移、转速、冲力、频率等对应的信号来间接测量流量的。差压式、转子、涡轮、电磁、旋涡和超声波等流量传感器都属于此类。

（2）容积式

容积式流量传感器是根据已知容积的容室在单位时间内所排出流体的次数来测量流体的瞬时流量和总量的。常用的有椭圆齿轮、旋转活塞式和刮板等流量传感器。

（3）质量式

质量流量传感器有两种，一种是根据质量流量与体积流量的关系，测出体积流量再乘被测流体的密度的间接质量流量传感器，如工程上常用的采取温度、压力自动补偿的补偿式质量流量传感器。另一种是直接测量流体质量流量的直接式质量流量传感器，如热式、惯性力式、动量矩式等质量流量传感器。直接法测量具有不受流体的压力、温度、黏度等变化影响的优点，是一种正在发展中的质量流量传感器。

3.3.1　差压式流量计

化工生产中，利用节流元件前后的差压与流速之间的关系，通过差压值获得流体的流速。目前工业生产中应用有各种各样的节流装置，节流装置是差压式流量传感器的流量敏感检测元件，是安装在流体流动的管道中的阻力元件。常用的节流元件有：孔板、喷嘴、文丘里管。它们的结构形式、相对尺寸、技术要求、管道条件和安装要求等均已标准化，故又称标准节流元件，如图 3-22 所示。其他形式的节流元件，如双重孔板、圆缺孔板等，由于技术成熟程度较差，缺乏足够的实验数据，所以尚未标准化，故称它们为特殊节流装置。这类特殊装置设计制造后，必须先进行标定，然后才能使用。

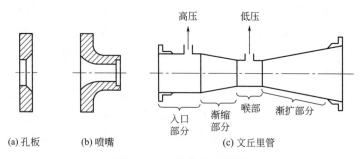

(a) 孔板   (b) 喷嘴   (c) 文丘里管

图 3-22　标准节流元件图

（1）测量原理

在管道中流动的流体具有动能和位能，在一定条件下这两种能量可以相互转换，但参加转换的能量总和是不变的，当用节流元件测量流量时，流体流过节流装置前后产生压力差 Δp（$\Delta p = p_1 - p_2$），且流过的流量越大，节流装置前后的压差也越大，流量与压差之间存在一定关系，这就是差压式流量传感器测量原理。差压式流量检测系统结构见图 3-23。

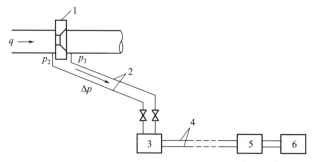

图 3-23　差压式流量检测系统结构示意图

1—节流装置；2—压力信号管路；3—差压变送器；

4—电流信号传输线；5—开方器；6—显示仪表

根据能量守恒定律及流体连续性原理，节流装置的流量公式可以写成：

体积流量 $$Q = \alpha \varepsilon F_0 \sqrt{2\Delta p / \rho_1}$$

质量流量 $$M = \alpha \varepsilon F_0 \sqrt{2\rho_1 \Delta p}$$

式中，M 为质量流量，kg/s；Q 为体积流量，$\mathrm{m^3/s}$；α 为流量系数；ε 为流束膨胀系数；F_0 为节流装置开孔截面积，$\mathrm{m^2}$；ρ_1 为流体流经节流元件前的密度，$\mathrm{kg/m^3}$；Δp 为节流元件前后压力差，即 $\Delta p = p_1 - p_2$，Pa。

在计算时，根据我国现用单位的习惯，如果 Q 的单位为 $\mathrm{m^3/h}$，M 为 kg/h，F 为 $\mathrm{mm^2}$，Δp 为 Pa，ρ 为 $\mathrm{kg/m^3}$ 时，则上述流量公式可换算为下列流量计算公式，即：

$$Q = 0.003999\alpha \varepsilon d^2 \sqrt{\Delta p / \rho_1}$$

$$M = 0.003999\alpha \varepsilon d^2 \sqrt{\rho_1 \Delta p}$$

式中，d 为节流元件的开孔直径，$F_0 = \dfrac{\pi}{4}d^2$。

（2）节流装置的取压方式

节流装置的取压方式，就孔板而言有五种，角接取压法、法兰取压法、径距取压法、理论取压法、管接取压法，见图3-24；就喷嘴而言，只有角接取压和径距取压两种。

① 角接取压 上、下游侧取压孔轴心线与孔板（喷嘴）前后端面的间距各等于取压孔直径的一半或等于取压环隙宽度的一半，因而取压孔穿透处与孔板端面正好相平。角接取压包括环室取压和单独钻孔取压，如图3-24中1-1。

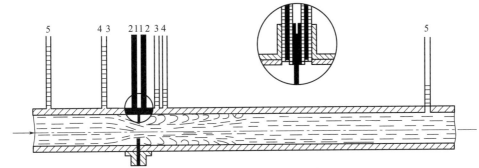

图 3-24 节流装置的取压方式

1-1—角接取压法；2-2—法兰取压法；3-3—径距取压法；4-4—理论取压法；5-5—管接取压法

② 法兰取压 上、下游侧取压孔中心至孔板前后端面的间距均为 (25.4 ± 0.8)mm，如图3-24中2-2。

③ 径距取压 上游侧取压孔中心与孔板（喷嘴）前端面的距离为 $1D$，下游侧取压孔中心与孔板（喷嘴）后端面的距离为 $1/2D$，如图3-24中3-3。

④ 理论取压法 上游侧的取压孔中心至孔板中心至孔板前端面的距离为 $1D\pm0.1D$；下游侧的取压孔中心线至孔板后端面的距离随 $\beta=\dfrac{d}{D}$ 的值大小而定，如图3-24中4-4。

⑤ 管接取压 上游侧取压孔的中心线距孔板前端面为 $2.5D$，下游侧取压孔中心线距孔板后端面为 $8D$，如图3-24中5-5所示。

以上五种取压方式中，角接取压方式用得最多，其次是法兰取压法。

（3）标准节流装置使用条件

① 流体应当清洁，充满圆管并连续稳定地流动。

② 流体的雷诺数在 $10^4\sim10^5$ 以上，不发生相变。

③ 管道必须是直的圆形截面，直径大于 50mm。

④ 为保证流体在节流装置前后为稳定的流动状态，在节流装置的上、下游必须配置一定长度的直管段。

（4）标准节流装置的安装要求

① 节流件的开孔和管道同心，端面与管道的轴线垂直。

② 导压管尽量按最短距离敷设在 $3\sim50$m 之内。

③ 测量液体流量时，应将差压计安装在低于节流装置处。

④ 测量气体流量时，应将差压计安装在高于节流装置处。

3.3.2 转子流量计

在工业生产中经常遇到小流量的测量，因流体的流速低，要求测量仪表有较高的灵敏度，才能保证一定的精度。转子流量计特别适宜于测量管径 50mm 以下管道的流量，测量的流量可小到每小时几升。

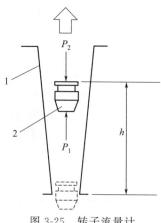

图 3-25　转子流量计

1—锥形管；2—锥子

（1）工作原理

转子流量计由自下而上直径逐渐扩大的垂直锥管及管内的转子组成，见图 3-25。当流体自下而上流经锥形管时，由于受到流体的冲击，转子被托起并向上运动。随着转子上移，转子与锥形管之间的环形流通面积增大，此处流体流速减低，直到转子在流体中的重力与流体作用在转子上的力相平衡时，转子停在某一高度，保持平衡。当流量变化时，转子便会移到新的平衡位置。由此可见，转子在锥形管中的不同高度代表着不同的流量。将锥形管的高度用流量值刻度，转子上边缘处对应的位置即为被测流量值。

转子流量计一般按锥形管材料的不同，可分为玻璃管转子流量计和金属管转子流量计两大类。前者一般为就地指示型，后者一般制成流量变送器。金属管转子流量计按转换器不同又可分为气远传、电远传、指示型、报警型、带积算等；按其变送器的结构和用途又可分为基本型、夹套保温型、耐腐蚀型、高温型、高压型等。

（2）安装使用注意事项

① 仪表安装方向　绝大部分浮子流量计必须垂直安装在无振动的管道上，不应有明显的倾斜，流体自下而上流过仪表。仪表无严格上游直管段长度要求，但也有制造厂要求 $2D \sim 5D$ 长度的，实际上必要性不大。

② 用于污脏流体的安装　应在仪表上游装过滤器。带有磁性耦合的金属管浮子流量计用于可能含铁磁性杂质流体时，应在仪表前装磁过滤器。要保持浮子和锥管的清洁，特别是小口径仪表，浮子洁净程度明显影响测量值。

③ 脉动流的安装　流动本身的脉动，如拟装仪表位置的上游有往复泵或调节阀，或下游有大负荷变化等，应改换测量位置或在管道系统予以补救改进，如加装缓冲罐；若是仪表自身的振荡，如测量时气体压力过低，仪表上游阀门未全开，调节阀未装在仪表下游等原因，应针对性改进克服，或改选用有阻尼装置的仪表。

④ 要排尽液体用仪表内气体　进出口不在直线的角型金属浮子流量计，用于液体时注意外传浮子位移的引申套管内不能残留空气，必须排尽；当液体含有微小气泡流动时极易积聚在套管内，更应定时排气。这点对小口径仪表更为重要，应尤为注意，否则影响流量示值明显。

⑤ 流量值作必要换算　若非按使用密度、黏度等介质参数向制造厂专门定制的仪表，液体用仪表通常以水标定流量，气体仪表用空气标定，定值在工程标准状态。使用条件的流体密度、气体压力温度与标定不一致时，要做必要换算。换算公式和方法各制造厂使用说明

书都有详述。

⑥ 转子流量计的校验和标定　对于转子流量计的校验和标定，液体常用标准表法、容积法和称量法；气体常用钟罩法，小流量用皂膜法。

3.3.3　旋涡流量计（涡街流量计）

旋涡流量计（涡街流量计）是 20 世纪 60 年代末期才发展起来的新型流量仪表。它利用流体振荡原理来进行流量的测量。它可分为流体强迫振荡的旋涡进动型和自然振荡的卡门旋涡流量计，后者被称为涡列流量计或涡街流量计。

旋涡流量计的特点是：测量精度高，可达 ±1%；量程比宽，可达 100:1；仪表内无活动部件，使用寿命长；仪表示值几乎不受温度、压力、密度、黏度及成分等影响，故用水或空气标定的流量计可用于其他液体或气体的流量测量而不用校正；仪表的输出是与体积流量成比例的电脉冲频率信号，易与数字式仪表及电子计算机配套使用；维护方便，更换检测元件不用重新标定。但当检测元件被污物黏附后，将会影响仪表的灵敏度。

旋涡流量计一般用 $\phi 150$mm 以下管道的气体流量测量，它的压力损失较大，但测得的是整个旋涡的中心速度，所以测量精度较高而且安装较方便。

涡街流量计一般用于 $> \phi 150$mm 管道中的气体或液体通渠道流量的测量，它的压力损失较小，但只能测得局部旋涡的速度，因此，测量精度要低些，并且对仪表前后直管段的安装要求较高，上游和下游的直管段分别要求不少于 $20D$ 和 $5D$，旋涡发生体的轴线应与管路轴线垂直。

3.3.4　涡轮流量计

涡轮叶片受力而旋转，其转速与流体流量（流速）成正比，其转数又可以转换成磁电的频率，此频率表现为电脉冲，用计数器记录此电脉冲，就可以得到流量。其工作原理见图 3-26，结构图见图 3-27。

图 3-26　涡轮流量计原理方框图

特点：

① 精度高，基本误差在 ±0.25%～±1.5% 之间；

② 量程比大，一般为 10:1；

③ 惯性小，时间常数为毫秒级；

④ 耐压高，被测介质的静压可高达 10MPa；

⑤ 使用温度范围广，有的型号可测 −200℃ 的低温介质的流量，有的可测 400℃ 的介质的流量；

⑥ 压力损失小，一般为 0.02MPa；

⑦ 输出是频率信号，容易实现流量积算和定量控制；

⑧ 流体中不能含有杂质，否则误差大，轴承磨损快，仪表寿命低，故仪表前最好装过滤器；不适于测黏度大的液体。

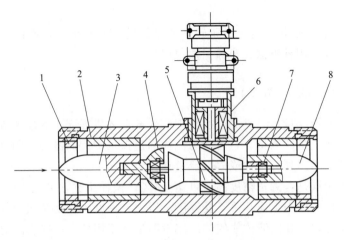

图 3-27　涡轮流量计的结构图

1—紧固环；2—壳体；3—前导流体；4—止推片；

5—涡轮叶片；6—磁电转换器；7—轴承；8—后导流器

3.3.5　电磁流量计

电磁流量计是根据法拉第电磁感应定律研制出的一种测量导电液体体积流量的仪表。由电磁流量变速器和转换器组成。根据法拉第定律，当导体在磁场中切割磁力线时，将产生电动势。

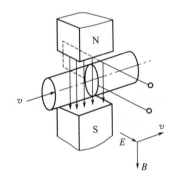

图 3-28　电磁流量计原理

电磁流量计原理如图 3-28 所示。电动势的大小与磁感应强度 B，磁场中作垂直切割磁力线方向运动的导体长度 L 和导体在磁场中作垂直于磁力线方向运动的速度 v 成正比。当三者互相垂直时，感应电动势 e 的大小为：

$$e = BvL$$

如果将切割磁力线的金属导体换成具有一定电导率的液体流柱，将切割磁力线的长度（两电极之间的距离）近似取为液柱的直径 D，用被测流体的平均速度近似代替导体的运动速度，可得：

$$e = BD\bar{v}$$

当磁感应强度 B 及两电极之间的距离 D 固定不变时，电极两端产生感应电动势只与被测流体的平均流速成正比。这样，流过测量管截面的液体的体积流量为：

$$q_V = \frac{\pi D}{4B}e$$

体积流量与感应电动势 e 成线性关系，而与其他物理参数无关。即测得的体积流量不受流体的温度、压力、密度、黏度等参数的影响。

使用电磁流量计的前提是被测流体必须是导电的，流体的电导率不能低于下限值，电导率低于下限值，会产生测量误差甚至不能使用。根据使用经验，实际应用的液体电导率最好要比仪表厂规定的下限值大一个数量级。

选用的电磁流量计的最低流速不能低于量程的 10%，最大流速不能超过 $10m/s$。为保证变速器中没有沉积物或气泡积存，变速器最好垂直安装，被测流体自下而上流动。变速器上游侧应有 5～10D（变送器公称直径）的直管段；下游侧的直管段可短一些。

电磁流量计结构简单、无相对运动部件，阻力损失小，测量范围宽；可任意改变量程，可测量正反方向流体的流量。适当选用绝缘内衬，可以测量各种腐蚀性溶液的流量，尤其是在测量含有固体颗粒的液体，更显示其优越性。但不能测量气体、蒸汽及石油产品。

3.3.6　椭圆齿轮流量计（容积式）

椭圆齿轮流量计系直读累积式流体流量计，由有一对椭圆齿轮转子的计量室、密封联轴器、计数机构组成。

工作原理是（见图 3-29），当被测流体由左向右流动，椭圆齿轮在差压 $\Delta P = P_1 - P_2$ 作用下，齿轮交替地（或同时）受力矩作用，保持椭圆齿轮不断地旋转。

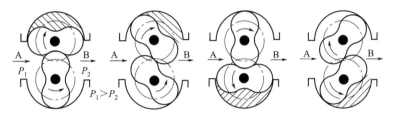

图 3-29　椭圆齿轮流量计工作原理图

转子每旋转一周，就排出四个由椭圆齿轮与外壳围成的半月形空腔的流体体积（4V）。在 V 一定的情况下，只要测出流量计的转速 n 就可以计算出被测流体的流量：$q = 4Vn$。

特点：

① 测量精度较高，积算精度可达 ±0.2%～±0.5%，有的甚至能达到 ±0.1%；量程比一般为 10:1；测量口径在 10～150mm；

② 适宜测量较高黏度的液体流量，在正常的工作范围内，温度和压力对测量结果的影响很小；

③ 安装方便，对仪表前、后直管段长度没有严格要求；

④ 对仪表制造、装配的精度要求高，传动机构也比较复杂；

⑤ 要求在流量计前安装过滤器；被测介质中不能含有固体颗粒，更不能夹杂机械物；不适宜测量较大的流量。

第 **4** 章 化工实验过程中常用检测方法

在化工实验过程中，物质的组成、含量、结构及其其他多种的信息是实验过程控制的依据，因此实验过程中的检测技术很重要。随着科学技术的发展，目前常用的分离检测技术包括现代色谱技术、红外光谱、质谱、核磁共振、紫外光谱及其色谱技术与各种检测手段的联用技术。下面就一些化工实验中常用检测方法进行简单的介绍。

4.1 薄层色谱

薄层色谱（Thin Layer Chromatography，TLC），又称薄层层析，是色谱法中的一个重要分支。薄层色谱与柱色谱同样存在固定相和流动相，混合物亦是由于各组分在两相间的连续分配平衡的平衡常数不同而获得分离。因此，柱色谱中所应用的一些原理，如溶质的保留特性、固定相和流动相的选择、柱效率、速率理论和分离度方程等都应用于薄层色谱，而且溶质在薄层色谱上扩散机理也与柱色谱类同。图 4-1 为薄层色谱过程示意图，图 4-1（a）为上样后的薄板，图 4-1（b）、（c）为薄板在不同展开阶段，即展开剂前沿不同高度时，混合样品 A、B 的分离情况。用比移值即 R_f 表示各组分的保留特性。R_f 的定义如下（见图 4-2）：

$$R_f＝原点至色谱斑点中心的距离/原点至溶剂前沿的距离＝a/b$$

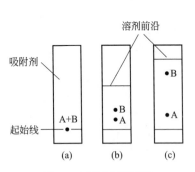

图 4-1 薄层色谱原理

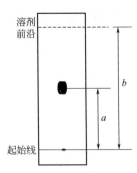

图 4-2 计算 R_f 值

由于薄层色谱的简便性，它广泛用于定性、半定量分析和化工过程监测。薄层色谱的实验操作一般包括下列几个步骤，首先是把吸附剂或支持剂（固定相细粉，200 目左右），例如氧化铝或硅藻土，涂布于一平板上（可为玻璃、金属或塑料），形成一薄层（0.25～

2mm），该过程称为制板。其次是上样，将欲分离的样品液滴到薄层板（或称薄板）上后进行展开，将样品中各组分分开。最后是显色。

4.1.1 制板

（1）载体板的选择

作为薄层的载体板对各类溶剂和显色剂都必须是稳定的，且耐高温、有一定的机械强度、可重复使用、价格低廉。玻璃板满足上述各项要求。此外，如不锈钢板、乙烯基塑料、聚乙烯对苯二甲酸酯等也常被用作薄层载体板。

（2）平面的形状和大小

常用的形状为正方形或长方形。当用作分析目的时，其规格为 20cm×20cm、10cm×20cm；当用作预试时为 2.6cm×7.6cm（显微镜用载玻片）；若制备时为一般用 20cm×40cm、20cm×100cm。

目前还出现了圆形平板，即在玻璃棒上涂布或在玻璃管的内表面或外表面涂布薄层。

（3）薄层的涂布

薄层的涂布方法可以分成干法铺板（见图 4-3）和湿法铺板两类。第一种是将干的固定相细粉直接均匀地分布于平板上，由此所得的薄层板称为干板，也叫软板。这种薄层极易损坏，目前用得不多。第二种是在固定相细粉中加入少量黏合剂再用水调制成匀浆，然后倾注于板上，使其形成一均匀的薄层，所得的薄层板称为硬板，也叫湿板。常用的黏合剂有假石膏、淀粉、羧甲基纤维素（CMC）等。如此制得的薄层比较牢固，可以直立展开，直接用喷雾器喷洒显色剂，直接用铅笔在薄层上画标记便于存放。关于固定相细粉悬浮液的均匀分布，有下列四种操作可供挑选。

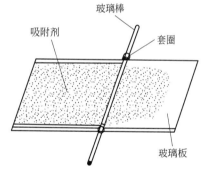

图 4-3 干法铺板

① 倾注操作　不需要特殊的仪器。将已调好的匀浆按额定的体积迅速地一次倾注于板的中央，经缓缓地倾斜摇晃，使匀浆均匀地分布于整块板后，将其置于水平位置晾干，然后再进烘箱活化。其中，最常用的溶剂为水，偶尔也有用乙酸乙酯或丙酮作溶剂。这种手工操作法至今还是一般实验室中常用的方法。

② 浸渍操作　用氯仿或氯仿-甲醛（2∶1）作溶剂。将固定相细粉调制成匀浆，然后将两块大小相等的清洁玻璃板贴紧，浸入悬浮液中，取出后挥发掉溶剂即得。用水调制的则不能使用此法操作。

③ 涂布操作　将手工的摇晃操作改为用机械涂布。图 4-4 所示为一种简易涂布器，图 4-5 是一种自动涂布器，两者分别以它们的设计者命名。

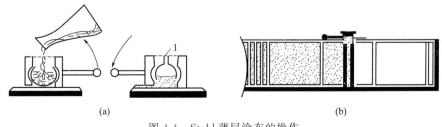

(a)　　　　　　　　　　　　　　　　　　　(b)

图 4-4　Stahl 薄层涂布的操作

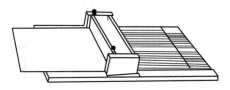

图 4-5　具有薄层厚度调节的滑行玻璃板器（Kirchner 型）

④ 喷雾操作　将已调制好的悬浮液通过喷雾器均匀地喷洒在平板上，能否得到满意的薄层取决于操作的熟练程度。

（4）薄层的干燥

涂布后浆状薄层中的水分应予除去，此过程称为干燥。在干燥过程中，薄层会经历下述现象，首先薄层表面开始具有潮气的色泽，几分钟后就模糊不清了，当一半水分蒸发后，薄层不再是透明的，而变成白色。可先将潮湿的薄层板在空气流中晾干，然后再入烘箱于较高温度下干燥，如硅胶或氧化铝板经 120℃加热 30min 以上，即可得到所需活性的板。活化后的板应储存于密闭容器中，如干燥器中。

4.1.2　上样

将欲分离的混合物配制成溶液，以圆点成区带的形式点到薄层板上标明的起始点或起始线上。在薄层色谱中不能用强极性的或不挥发的溶剂来配制固体物质的样品液或用以稀释液体样品，因为它们会使起始区域增大，并形成环状起始点。如果真正需要，则必须以极小体积重复多次点样，并用暖气流除去溶剂，但应注意防止在起始点上析出结晶，否则会出现严重的拖尾现象。为此，最好采用低沸点弱极性溶剂或与流动相极性相近似的溶剂。

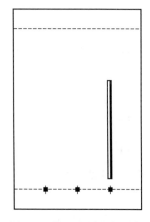

图 4-6　薄层色谱点样示意

样品溶液的浓度不宜过高或过低，过高会形成斑点拖尾，过低会形成空心起始点，导致色谱斑点畸形。样品液上样量的多少与显色剂的灵敏度、吸附剂类型、薄层厚度等因素有关。这可通过预试来决定，即在同一块薄层板上以不同滴数（或浓度）的样品液上样成一系列斑点，进行展开和显色，从中选定最理想的浓度和上样量。一般情况下，样品溶液的浓度以 0.1%～1% 为宜，上样量在 1～20μL 为好。起始点的大小直径在 2～5mm 之间，不能超过 5mm。若同时点几个样品点，应尽可能控制其大小相同，原点之间的间距约为 15mm，如图 4-6 所示。

为使分析结果有较好的重复性，即使作一般分析（不作定量）时，也希望应用标准溶液和规定的上样体积。有关上样的仪器，除最简单的毛细管上样外，还有许多规格品种出售，如图 4-7 所示。图 4-7 所示的 A 为用铂丝绕成的铂丝圈，可用作快速点样（样品浓度为 1%）。若要一次上样 10μL 的水溶液，可用 0.4mm 的铂丝绕制成内径为 1.5mm 的圆圈。

图 4-7 所示的 B～F 为各种形式的微型吸球管，其中 E、F 带有刻度可供定量上样，为精确起见应经常予以校正。

图 4-7 所示的 G、H 是气相色谱中常用的微量注射器，市售的有各种体积规格，小的有 0.5μL，大的可达 100μL，是一种较好的定量点样器。

有时为了制备目的采用区带或条状上样，图 4-7 所示的 I 是阀带吸量管，专用于带状上

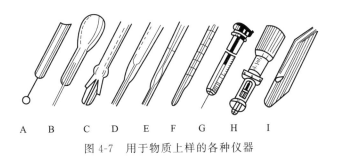

图 4-7　用于物质上样的各种仪器

样。也有用极细的玻璃毛细管制成刷子，凭借毛细管作用使其充满样品液，然后与薄层接触，样品液均被薄层吸尽，此法也可获得均匀的上样区带，但应强调指出，带状上样的薄层色谱分离成功与否的关键在于上样是否均匀。

4.1.3　展开

在薄层色谱的操作中，展开是一重要的环节，传统的薄层展开是在具有密封盖的玻璃缸（称为色谱缸）中进行的，如图 4-8（a）所示。往色谱缸中直接倒入适量展开剂，然后将薄层板点有样品的一端浸入展开剂，点样点不能与展开剂相接。展开剂借毛细作用上升，同时带动样品中各组分迁移。当展开剂迁移一定距离后，取出薄层板，这一过程就称为展开。图 4-8（b）是新近发展起来的强制流薄层色谱（forced flow TLC），也称超压薄层色谱（over pressured TLC）。在强制流薄层色谱中，点有样品的薄板放入超压展开缸中，薄板上紧密覆盖并密封一层塑料薄膜，通过往薄板上的垫子中充水或注气的方式给薄板加压。流动相用泵通过一个小切口以恒速进入固定相，根据流动相入口的位置和结构，可以得到直线形或圆形的溶剂前沿。强制流薄层色谱能够克服传统薄层展开流动相蒸气对展开效果的影响。

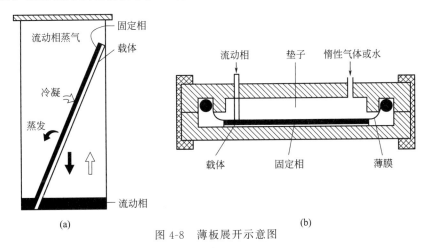

图 4-8　薄板展开示意图

显然，展开与柱色谱中的洗脱具有相同的含义。所不同的是，在柱色谱的洗脱操作中是将样品中的各组分——洗脱出柱，然后利用保留体积及其他有关参数予以定性和定量；在薄层色谱的展开操作中并不将样品中的组分洗脱出来，而是使它们在薄层上迁移一定的距离。

4.1.4　定位和显色

有色物质在展开结束后，直接就能判断各组分的色谱位置及分离的好坏。对无色物质就必须通过各种方法来确定各组分的色谱位置，这就是定位或显色。常用的定位和显色方法有荧光定位、显色剂定位、直接微量升华定位和生物试验定位。

（1）荧光定位

展开好的薄层，待溶剂挥发后即可在紫外光灯下观察，若样品吸收紫外光后可产生荧光，则显出各种颜色的荧光斑点。有的虽然能吸收紫外光但不产生荧光，这时可选用掺杂荧光粉的硅胶 GF_{234} 制板，观察熄灭的荧光斑点，即暗斑。有的需与某种试剂作用后才能在紫外光照射下产生荧光；有的需在留有少量溶剂的情况下方能显现荧光；有的需在碘蒸气中熏一下才有较强的荧光。凡此种种，均视实际情况而定。常用的紫外光波长为 254nm 和 365nm。

（2）显色剂定位

许多化合物虽无荧光产生但可与某些试剂产生颜色反应，此即显色剂定位。通常，显色剂除作定位显色外，还可协助推断分离组分的化合物类别。因此，显色剂又可分为通用显色剂和专属性显色剂，对未知物的分离和预示，常考虑用通用显色剂。

常用的通用显色剂有以下几种。

① 碘蒸气　对很多物质显黄棕色。

② 碱性高锰酸钾　还原物质在淡红背景上显黄色。

③ 铁氰化钾-三氯化铁　还原性物质显蓝色，再喷 2mol/L 的 HCl，则颜色加深。

④ 浓硫酸-甲醇（1：1）或 5％的硫酸乙醇溶液　喷后于 110℃烘烤，各种物质显示不同的颜色。

⑤ 荧光显色剂　薄层展开后，试喷下列任一溶液，0.2％的 2′,7′-二荧光素乙醇溶液、0.01％荧光素乙醇溶液、0.1％桑色素乙醇溶液、0.05％罗丹明乙醇溶液，不同的物质在荧光背景上可能显黑色或其他颜色。专用性显色剂是根据化合物本身所具有的某一官能团而显色，但常受到各种因素的干扰，应用时宜小心。

显色剂定位的操作常采用喷雾器来完成。实验室可采用如图 4-9 所示的喷雾装置。该装置使喷雾操作限制在一个小小的喷雾室中，并使其与通风烟道相通，从而保证了安全操作。

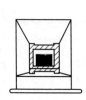
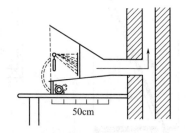

(a) 正视图(画斜线的框是色谱板的支架框)　　(b) 侧视图(截面图,也显示了压缩空气喷雾设备)

50cm

图 4-9　塑料喷雾室及相连的通风管道

（3）直接微量升华定位

展开后的薄层板上覆盖一块同样大小的玻璃板，两者之间衬有石棉边条。薄层板置于加热铝砧板上，可加热到 300～320℃，之后覆盖的玻璃板与冷却铝砧板相接触。那些有升华作用的物质如咖啡因、香豆素、烃基香豆素、苯甲酸、阿魏酸、水杨酸、桂皮酸和大黄素等会以结晶形式直接升华，只须量级为微克量的物质就能以升华斑点被检出。若用显微镜检定，在 6～24h 后重复观察，因升华微晶的晶粒会进一步增大。

（4）生物试验定位

在医药研究中，为了检出具有特殊生理活性的物质可以利用生物试验显色操作。这类操作基本上可分为两类，即直接在板上检出或收集有关的色谱斑点后间接检出。迄今只有下列物质曾用这两种技术捡出：杀虫剂、溶血物质、苦味素和抗生素等。

4.2　气相色谱

4.2.1　气相色谱分析方法概述

气相色谱是以气体作流动相的色谱分离装置。它的分离机理也是基于物质在流动相和固定相（可为固体和液体）两相间分配的不同而导致分离。

气相色谱的优点是分离效率高、灵敏度高、分析速度快。分离效率高是指能分离结构极为相似的异构体（位置异构、结构异构和空间异构）、同位素等，并可用以制备色谱纯物质。分离效率高可用表示柱效的理论板数 N 来证明，一支长 1～2m 的色谱柱，理论板数达几千，如果是毛细管色谱柱，其 N 可达 10^6。因此，即使是一些极为复杂或难以分离的混合物，只要条件选择适当，总能获得分离。例如用空心毛细管柱可从汽油中检测 168 个碳氢化合物的色谱峰。例如沸点十分接近的苯（80.1℃）和环己烷（80.7℃），在分馏法中几乎无法分开，但却能以气相色谱分离。高灵敏度是指可分析 $10^{-13}\sim10^{-11}$g 的痕量物质。如对大气污染和水质分析等环境卫生方面的监测工作，可用气相色谱直接采样测定；又如食品和药材中农药残留量的分析；医学和生化学上测定血液中的微量组分等。气相色谱法的分析速度是较快的，一般只需要几分钟或几十分钟便可完成一次气相色谱分析的周期。

与其他各种分析方法相比，气相色谱法有一个突出的优点即既可对混合物进行分离，又可对分离后的组分进行定性和定量分析，且物质经色谱操作后仍保持其原样不受任何破坏，这在经典化学分析方法中很难办到。化学分析法只能对某类或某组化合物进行分离分析，但是对许多化学性质不活泼或各组分间性质极为相近的复杂样品，就不能胜任了。光谱法和质谱法的优点和使用价值是公认的，在定性方面所表现的卓越能力远胜于气相色谱法和其他色谱技术，但分离能力差，对试样要求甚严（必须为纯品）。若使气相色谱法与光谱法和质谱法等技术联合使用，相互取长补短，则其效果不言而喻。

气相色谱与液相色谱各有特色。气相色谱对于分离挥发性物质的效果很好，但对热稳定性差以及挥发性很小的物质，如离子化合物、大分子量化合物等的分离则无能为力，这就要借助于液相色谱。气相色谱的操作温度范围可达 $-196\sim450$℃。只要在这个范围内，化合物具有不小于 26.66～1333.22Pa（0.2～10mmHg）的蒸气压，而且在操作温度下有良好的热稳定性，无论是气、液或固体物质，原则上都可用气相色谱进行分析。由于上述这些条件的限制，大约只有 30% 左右的有机物可用气相色谱分析。液相色谱在分析时，对样品的蒸气压力并无特殊要求，因而能分析 70%～80% 的有机物。气相色谱仪及其实验装置由下列各部分组成。其组成示意如图 4-10 所示。

① 气路系统——常用高压气瓶作载气源，气体经减压阀、流量控制器和压力调节器，然后通过色谱柱，由检测器排出，形成气路系统。整个系统应保持密封，不能漏气。

② 进样系统——安装在色谱柱的进气口之前，由两个部分组成，一是进样口，另一是加热系统，以保证样品的气化。

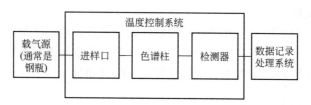

图 4-10 气相色谱仪组成示意图

③ 色谱分离系统——由色谱柱和控温室组成,是色谱仪的心脏部件。

④ 检测系统——检测流动相中有无溶质组分的存在。目前已发展有七十多种检测器。如氢火焰离子化检测器(Flame Ionization Detector,FID)、火焰光度检测器(Flame Photometric Detector,FPD)、电子捕获检测器(Electron Capture Detector,ECD)、热导检测器(Thermal Conductivity Detector,TCD)等。它们可以将载气中被分离组分的浓度转变为电信号,由记录器记录成色谱图,供进行定性和定量。若做制备,则在检测器后换上分步收集器。

⑤ 数据处理系统——对色谱图所反映的信息进行分析处理。目前,应用微处理机,可以很快地直接进行定性和定量分析。同时还可将色谱操作条件、定性和定量方法等储存于微处理机中,若将这些条件编成程序还可自动操作及调节各项参数。

⑥ 温度控制系统——对进样口、色谱分离室、检测室等处进行加热,并能自动控制温度的变化。

4.2.2 基本原理

流出曲线(色谱图)是电信号强度随时间变化曲线;色谱峰是流出曲线上的凸起部,见图 4-11。色谱流出曲线常用术语及其意义如下。

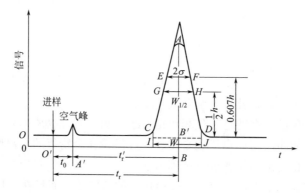

图 4-11 流出曲线(色谱图)

(1) 基线

仅有载气通过检测系统所产生的相应信号曲线,可用于评价仪器运行是否稳定。

(2) 保留值

① 死时间 从进样开始到惰性组分从柱中流出,呈现浓度极大值时所需要的时间,以 t_M 表示。

② 保留时间 从进样到色谱柱后出现待测组分信号极大值所需要的时间,以 t_R 表示。

③ 调整保留时间 t_R' 试样在固定相中停留的总时间 $t_R' = t_R - t_M$。

④ 死体积　不被保留的组分通过色谱柱消耗的流动相的体积，以 V_M 表示。

⑤ 保留体积　从进样开始到组分出现浓度极大点时消耗的流动相的体积，以 V_R 表示。

⑥ 调整保留体积　保留体积与死体积之差，$V'_R = V_R - V_M$，即组分停留在固定相时所消耗流动相的体积。

⑦ 相对保留值 γ_{21}

$$\gamma_{21} = \frac{t'_{R_2}}{t'_{R_1}} = \frac{V'_{R_2}}{V'_{R_1}}$$

因保留值的大小与很多操作条件有关（如柱长 L、填充情况及流动相流速等），情况较复杂，缺少可比性。因此，提出相对保留值的概念。对于多组分的分离意义重大。$\gamma_{21} = 1$，则无法分离。其大小可判断固定相选得是否合适。

相对保留值只与柱温、固定相性质有关，与柱径、柱长、填充情况及流动相流速无关。因此是色谱分析中广泛使用的定性数据。

（3）峰高、峰面积与区域宽度

① 峰高　峰顶到基线的距离，以 h 表示。

② 峰面积　色谱峰与基线间所包围的面积，以 A 表示，可作为定量参数。

③ 峰拐点　色谱峰上二阶导数为零的点。

④ 峰宽　色谱峰两侧拐点处所作切线与峰底相交两点距离，以 W_b 表示。

⑤ 半峰宽　峰高一半处所对应的峰宽，以 $W_{1/2}$ 表示。

色谱峰宽与分子的运动有关，如分子扩散引起分子行进的路径不同，则保留值不同，从而产生峰宽。即由分子的动力学性质所决定。色谱峰宽度越窄，其分离效率越高，分离的效果也越好；峰宽宽则易相互重叠，化合物难以分开。区域宽度是衡量色谱柱的柱效及反映色谱操作条件选择好坏的重要依据。

4.2.3　气相色谱定性和定量方法

（1）定性分析

① 依据同种物质在相同的色谱操作条件下应该具有相同的保留值，利用已知标准物质直接对照定性；但要注意具有相同保留值的两个物质却不一定是同一物质。操作过程要求用同一根色谱柱，操作条件（载气流速、汽化室温度、柱温、检测器类型和温度）要恒定。

② 依据相对保留值只受柱温和固定相性质的影响，在柱温和固定相一定的条件下，相对保留值为一定值，即在规定的固定液种类、配比、标准物及柱温下，测定未知组分的相对保留值，并与文献资料上已知物质的相对保留值相对照，若二者数值相同，则可认为二者属同种物质。

③ 用已知标准物增加峰高定性，在得到未知样品的色谱图后，在未知样品中加入一定量的已知纯物质，然后在相同的色谱条件下，作已加纯物质的未知样品色谱图。对比两张色谱图，哪个峰高了，则该峰就是加入的已知纯物质的色谱峰。

（2）定量分析

① 气相色谱定量分析的依据　在一定色谱操作条件下，组分 i 的质量 m_i 或其在流动相中的浓度，与峰面积或峰高成正比，这是气相色谱的定量依据。

$$m_i = f'_i A_i$$

式中，f_i' 为比例常数，称为定量校正因子。

② 峰面积测量法　峰面积的测量直接关系到定量关系的准确度，常用的峰面积测量方法根据色谱峰型的不同而不同。

a. 峰高乘半峰宽法　当色谱峰为对称峰时可采用此方法。即

$$A_i = 1.065 h_i W_{1/2}$$

b. 峰高乘平均峰宽法　当色谱峰为对称峰时可采用此方法。即

$$A_i = \frac{1}{2} h_i (W_{0.15} + W_{0.85})$$

c. 自动积分仪法　自动积分仪能自动测出曲线所包围的面积，是最方便的测量工具，速度快，线性范围广，精密度可达到 $0.2\% \sim 2\%$，对小峰或不对称峰也能得到较为准确的结果。

③ 定量校正因子　由于同一检测器对不同的物质具有不同的响应值，所以两个相同质量的物质得到的峰面积往往不相等，这样就不能直接用峰面积计算物质的含量，需要用响应值进行校正，因此引入"定量校正因子"。

由：

$$m_i = f_i' A_i$$

可得：

$$f_i' = \frac{m_i}{A_i}$$

式中，f_i' 称为绝对校正因子，即单位峰面积所代表的物质的质量。实际工作中都用相对校正因子，即某一物质与标准物质的绝对校正因子之比值。

$$f_{is} = \frac{f_i'}{f_s'}$$

一般文献中提到的校正因子都是相对校正因子。

④ 定量计算方法

a. 归一化法　归一化法，必须能够所有试样组分都出峰。试样中所有组分含量之和等于 100%，由此可得：

$$m_i(\%) = \frac{m_i}{\sum\limits_{i=1}^{n} m_i} = \frac{A_i f_{is}}{\sum\limits_{i=1}^{n} A_i f_{is}} \times 100\%$$

当不用相对校正因子进行校正，则简化为：

$$m_i(\%) \approx \frac{A_i}{\sum\limits_{i=1}^{n} A_i} \times 100\%$$

即一般文献上所称的面积归一化法，一般现在的气相色谱仪的数据处理系统均具有自动面积积分功能，所以该方法较为常用。但需要注意，由于一般都存在校正因子差异，所以该方法得到的结果为近似值。

b. 内标法　内标法是将一定质量的纯物质（试样中不存在的物质）作为内标物加到一定量的被分析样品混合物中，根据测试样和内标物的质量比及其相应的色谱峰面积之比及相对校正因子，来计算被测组分的含量。当无需测定试样中所有组分，或某些组分不出峰，可采用此方法。设 m_i、m_s 分别为待测物与内标物的质量，m 为试样的总量，$m_i = f_{is} A_i$，$m_s = f_{ss} A_s$，

$$\frac{m_i}{m_s} = \frac{A_i f_{is}}{A_s f_{ss}}$$

即：
$$m_i = \frac{A_i f_{is}^A m_s}{A_s f_{ss}^A}$$

$$m_i(\%) = \frac{m_i}{m} \times 100\% = \frac{A_i f_{is} m_s}{A_s f_{ss} m} \times 100\%$$

实际工作中，以内标物为基准，即 $f_{ss} = 1$

则：
$$m_i(\%) = \frac{A_i}{A_s} \times \frac{m_s}{m} f_{is} \times 100\%$$

c. 外标法　外标法又称定量进样-标准曲线法。外标法不是把标准物质加入到被测样品中，而是在与被测样品相同的色谱条件下单独测定。标正曲线法是用已知不同含量的标样系列等量进样分析，然后做出响应信号与含量之间的关系曲线，也就是标正曲线。定量分析样品时，在测校正曲线相同条件下进同等样量的等测样品，从色谱图上测出峰高或峰面积，再从校正曲线查出样品的含量。外标物与被测组分同为一种物质但要求它有一定的纯度，分析时外标物的浓度应与被测物浓度相接近，以利于定量分析的准确性。此法需要仪器的稳定性较好，否则误差较大。

外标法不使用校正因子，准确性较高，且操作简单，计算方便。

4.3　高效液相色谱法

高效液相色谱（High Performance Liquid Chromatography，HPLC），是指在经典液相色谱法的基础上，引入了气相色谱（GC）的理论，在技术上采用了高压泵、高效固定相和高灵敏度检测器，使之发展成为高分离速率、高分离效率、高检测灵敏度的高效液相色谱法，亦称为现代液相色谱法。

高效液相色谱仪是采用了高压输液泵、高效固定相和高灵敏度检测器等装置的液相色谱仪，因此被称为高效液相色谱仪。

4.3.1　HPLC 的特点

① 高压　液相色谱法以液体为流动相，液体流经色谱柱，受到阻力较大，为了迅速地通过色谱柱，必须对载液施加高压。一般可达 $150 \times 10^5 \sim 350 \times 10^5$ Pa。

② 高速　流动相在柱内的流速较经典色谱快得多，一般可达 $1 \sim 10$ mL/min。高效液相色谱法所需的分析时间较之经典液相色谱法少得多，一般少于 1h。

③ 高效　近来研究出许多新型固定相，使分离效率大大提高。

④ 高灵敏度　高效液相色谱已广泛采用高灵敏度的检测器，进一步提高了分析的灵敏度。如荧光检测器灵敏度可达 10^{-11} g。另外，用样量小，一般只有几微升。

⑤ 适应范围宽　与高效液相色谱法的比较，气相色谱法虽具有分离能力好，灵敏度高，分析速度快，操作方便等优点，但是受技术条件的限制，沸点太高或热稳定性差的物质都难以应用气相色谱法进行分析。而高效液相色谱法，只要求试样能制成溶液，而不需要气化，因此不受试样挥发性的限制。对于高沸点、热稳定性差、相对分子量大（大于 400 以上）的

有机物（这些物质几乎占有机物总数的 $75\%\sim80\%$）原则上都可应用高效液相色谱法进行分离、分析。据统计，在已知化合物中，能用气相色谱分析的约占 30%，而能用液相色谱分析的占 $70\%\sim80\%$。

高效液相色谱按其固定相的性质可分为高效凝胶色谱、疏水性高效液相色谱、反相高效液相色谱、高效离子交换液相色谱、高效亲和液相色谱以及高效聚焦液相色谱等类型。用不同类型的高效液相色谱分离或分析各种化合物的原理基本上与相对应的普通液相层析的原理相似。其不同之处是，高效液相色谱灵敏、快速、分辨率高、重复性好，且须在色谱仪中进行。

4.3.2　高效液相色谱仪的组成

不论何种类型高效液相色谱仪，基本上分为四个部分：高压输液系统、进样系统、分离系统、检测系统和数据处理系统，见图 4-12。

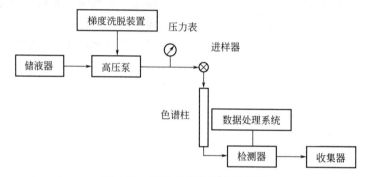

图 4-12　液相色谱仪组成示意图

（1）高压输液系统

输液系统包括储液罐、高压泵、梯度洗脱装置等。高压泵的一般压强为 $(1.47\sim4.4)\times10^7\,\mathrm{Pa}$，流速可调且稳定。当高压流动相通过层析柱时，可降低样品在柱中的扩散效应，可加快其在柱中的移动速度，这对提高分辨率、回收样品、保持样品的生物活性等都是有利的。流动相梯度洗脱装置，可使流动相随固定相和样品的性质而改变，包括改变洗脱液的极性、离子强度、pH 值，或改用竞争性抑制剂或变性剂等。这就可使各种物质（即使仅有一个基团的差别或是同分异构体）都能获得有效分离。

（2）进样系统

进样系统是将待分析样品引入色谱柱的装置，包括取样、进样两个功能。

（3）分离系统

分离系统是色谱仪的心脏。该系统包括色谱柱、连接管和恒温器等。色谱柱一般长度为 $10\sim50\,\mathrm{cm}$（需要两根连用时，可在二者之间加一连接管），内径为 $2\sim5\,\mathrm{mm}$，由优质不锈钢或厚壁玻璃管或钛合金等材料制成，柱内装有直径为 $5\sim10\,\mu\mathrm{m}$ 粒度的固定相（由基质和固定液构成）。固定相中的基质由机械强度高的树脂或硅胶构成，它们都有惰性（如硅胶表面的硅酸基因基本已除去）、多孔性和比表面积大的特点，加之其表面经过机械涂渍（与气相色谱中固定相的制备一样），或者用化学法偶联各种基因（如磷酸基、季铵基、羟甲基、苯基、氨基或各种长度碳链的烷基等）或配体的有机化合物，因此，这类固定相对结构不同的物质有良好的选择性。例如，在多孔性硅胶表面偶联豌豆凝集素（PSA）后，就可以把成纤维细胞中的一种糖蛋白分离出来。另外，固定相基质粒小，柱床极易达到均匀、致密状态，极易降低涡流扩散效应。基质粒度小，微孔浅，样品在微孔区内传质短。这些对缩小谱带宽度、提高分辨率是有益的。根据柱效理论分析，基质粒度小，塔板理论数 N 就大。这也进一步证明了基质粒度小，会提高分辨率。

（4）检测系统

检测器可分为通用型检测器（对样品和洗脱液中各个组分的物理化学性质有响应）和选择型检测器（仅对待分离组分的物理化学性质有响应）。高效液相色谱常用的检测器有紫外检测器、示差折光检测器和荧光检测器三种。

① 紫外检测器　该检测器适用于对紫外光（或可见光）有吸收性能样品的检测。其特点：使用面广（如蛋白质、核酸、氨基酸、核苷酸、多肽、激素等均可使用）；灵敏度高（检测下限为 $10^{-10}\,\mathrm{g/mL}$）；线性范围宽；对温度和流速变化不敏感；可检测梯度溶液洗脱的样品。

② 示差折光检测器　凡具有与流动相折射率不同的样品组分，均可使用示差折光检测器检测。目前，糖类化合物的检测大多使用此检测系统。这一系统通用性强、操作简单，但灵敏度低（检测下限为 $10^{-7}\,\mathrm{g/mL}$），流动相的变化会引起折射率的变化，因此，它既不适用于痕量分析，也不适用于梯度洗脱样品的检测。

③ 荧光检测器　凡具有荧光的物质，在一定条件下，其发射光的荧光强度与物质的浓度成正比。因此，这一检测器只适用于具有荧光的有机化合物（如多环芳烃、氨基酸、胺类、维生素和某些蛋白质等）的测定，其灵敏度很高（检测下限为 $10^{-14}\sim10^{-12}\,\mathrm{g/mL}$），痕量分析和梯度洗脱作品的检测均可采用。

（5）数据处理系统

该系统可对测试数据进行采集、储存、显示、打印和处理等操作，使样品的分离、制备或鉴定工作能正确开展。

4.3.3　高效液相色谱法的主要类型及其分离原理

高效液相色谱法按分离机制的不同分为液固吸附色谱法、液液分配色谱法（正相与反相）、离子交换色谱法、离子对色谱法及分子排阻色谱法。

（1）液固吸附色谱法

使用固体吸附剂，被分离组分根据固定相对组分吸附力大小不同而分离。分离过程是一个吸附-解吸附的平衡过程。常用的吸附剂为硅胶或氧化铝，粒度 $5\sim10\mu\mathrm{m}$。适用于分离分子量 $200\sim1000$ 的组分，大多数用于非离子型化合物，离子型化合物易产生拖尾。常用于分离同分异构体。

（2）液液色谱法

使用将特定的液态物质涂于担体表面，或化学键合于担体表面而形成的固定相，根据被分离的组分在流动相和固定相中溶解度不同而分离。分离过程是一个分配平衡过程。

涂布式固定相应具有良好的惰性；流动相必须预先用固定相饱和，以减少固定相从担体表面流失；温度的变化和不同批号流动相的区别常引起柱子的变化；另外在流动相中存在的固定相也使样品的分离和收集复杂化。由于涂布式固定相很难避免固定液流失，现在已很少采用。现在多采用的是化学键合固定相，如 C18、C8、氨基柱、氰基柱和苯基柱。

液液色谱法按固定相和流动相的极性不同可分为正相色谱法（NPC）和反相色谱法

（RPC）。

正相色谱法是采用极性固定相（如聚乙二醇、氨基与腈基键合相）；流动相为相对非极性的疏水性溶剂（烷烃类如正己烷、环己烷），常加入乙醇、异丙醇、四氢呋喃、三氯甲烷等以调节组分的保留时间。常用于分离中等极性和极性较强的化合物（如酚类、胺类、羰基类及氨基酸类等）。

反相色谱法一般用非极性固定相（如C18柱、C8柱）；流动相为水或缓冲液，常加入甲醇、乙腈、异丙醇、丙酮、四氢呋喃等与水互溶的有机溶剂以调节保留时间。适用于分离非极性和极性较弱的化合物。RPC在现代液相色谱中应用最为广泛，据统计，它占整个HPLC应用的80%左右。

随着柱填料的快速发展，反相色谱法的应用范围逐渐扩大，现已应用于某些无机样品或易解离样品的分析。为控制样品在分析过程的解离，常用缓冲液控制流动相的pH值。但需要注意的是，C18和C8使用的pH值通常为2.5～7.5（2～8），太高的pH值会使硅胶溶解，太低的pH值会使键合的烷基脱落。有报告显示，新商品柱可在pH值1.5～10范围操作。

表 4-1　正相色谱法与反相色谱法比较表

项目	正相色谱法	反相色谱法
固定相极性	高～中	中～低
流动相极性	低～中	中～高
组分洗脱次序	极性小先洗出	极性大先洗出

从表4-1可看出，当极性为中等时，正相色谱法与反相色谱法没有明显的界线（如氨基键合固定相）。

（3）离子交换色谱法

固定相是离子交换树脂，常用苯乙烯与二乙烯交联形成的聚合物骨架，在表面末端芳环上接上羧基、磺酸基（称阳离子交换树脂）或季铵基（阴离子交换树脂）。被分离组分在色谱柱上分离原理是，树脂上可电离离子与流动相中具有相同电荷的离子及被测组分的离子进行可逆交换，根据各离子与离子交换基团具有不同的电荷吸引力而分离。

缓冲液常用作离子交换色谱的流动相。被分离组分在离子交换柱中的保留时间除跟组分离子与树脂上的离子交换基团作用强弱有关外，还受流动相的pH值和离子强度影响。pH值可改变化合物的解离程度，进而影响其与固定相的作用。流动相的盐浓度大，则离子强度高，不利于样品的解离，导致样品较快流出。

离子交换色谱法主要用于分析有机酸、氨基酸、多肽及核酸。

（4）离子对色谱法

又称偶离子色谱法，是液液色谱法的分支。被测组分离子与离子对试剂离子形成中性的离子对化合物，在非极性固定相中溶解度增大，从而使其分离效果改善。主要用于分析离子强度大的酸碱物质。

分析碱性物质常用的离子对试剂为烷基磺酸盐，如戊烷磺酸钠、辛烷磺酸钠等。另外，高氯酸、三氟乙酸也可与多种碱性样品形成很强的离子对。

分析酸性物质常用四丁基季铵盐，如四丁基溴化铵、四丁基铵磷酸盐。

离子对色谱法常用ODS柱（即C18），流动相为甲醇-水或乙腈-水，水中加入3～10mmol/L的离子对试剂，在一定的pH值范围内进行分离。被测组分保留时间与离子对性质、浓度、流动相组成及其pH值、离子强度有关。

（5）排阻色谱法

固定相是有一定孔径的多孔性填料，流动相是可以溶解样品的溶剂。小分子量的化合物可以进入孔中，滞留时间长；大分子量的化合物不能进入孔中，直接随流动相流出。它利用分子筛对分子量大小不同的各组分排阻能力的差异而完成分离。常用于分离高分子化合物，如组织提取物、多肽、蛋白质、核酸等。

4.4 熔点测定

4.4.1 固-液相平衡与熔点

通常认为固体化合物当受热达到一定的温度时，即由固态转变为液态，这时的温度就是该化合物的熔点。严格的定义应为，固-液两态在大气压力下达到平衡状态时的温度。对于纯粹的有机化合物，一般都有固定熔点。即在一定压力下，固-液两相之间的变化都是非常敏锐的。初熔至全熔的温度不超过 $0.5 \sim 1℃$（熔点范围或称熔距、熔程）。如混有杂质则其熔点下降，且熔距也较长，以此可鉴定纯粹的固体有机化合物，具有很大的实用价值，根据熔距的长短又可定性地估计出该化合物的纯度。

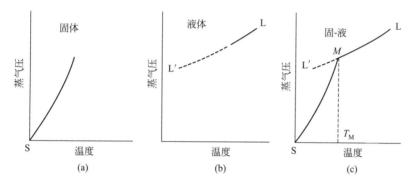

图 4-13　化合物的温度与蒸气压曲线

图 4-13（a）表示固体的蒸气压随温度升高而增大的曲线。图 4-13（b）表示液态物质的蒸气压-温度曲线。如将曲线（a）、（b）加合，即得图 4-11(c) 曲线。固相的蒸气压随温度的变化速率比相应的液相大，最后两曲线相交，在交叉点 M 处（只能在此温度时）固-液两相可同时并存，此时温度 T_M 即为该化合物的熔点。当温度高于 T_M 时，这时固相的蒸气压已较液相的蒸气压大，使所有的固相全部转化为液相；若低于 T_M 时，则由液相转变为固相；只有当温度为 T_M 时，固-液两相的蒸气压才是一致的，此时固-液两相可同时并存。这是纯粹有机化合物有固定而又敏锐熔点的原因。当温度超过 T_M 时，甚至很小的变化，如有足够的时间，固体就可以全部转变为液体。所以要准确测定熔点，在接近熔点时加热速度一定要慢，每分钟温度升高不能超过 $1 \sim 2℃$。只有这样才能使整个熔化过程尽可能接近于两相平衡的条件。

4.4.2 熔点测定的应用

除了上面提到的根据熔点及熔距的长短定性地估计出化合物的纯度外，通常可将熔点相同的两个化合物混合后测定熔点，如仍为原来熔点，即认为两化合物相同（形成固熔体除外），如熔点下降则此两化合物不相同。具体做法：将两个试样以1∶9，1∶1，9∶1不同比例混合，并与原来未混合的试样分别装入熔点管，同时测熔点，观察测得的结果并进行比较。但也有两种熔点相同的不同化合物混合后熔点并不降低反而升高。混合熔点的测定虽然有少数例外，但对于鉴定有机化合物仍有很大的实用价值。

4.4.3 熔点测定方法

测定方法一般有毛细管法和微量熔点测定法。下面介绍利用毛细管熔点仪（见图4-14）测定熔点的方法。

图4-14 熔点测定仪

① 打开仪器，让仪器预热30min。

② 毛细管的准备 毛细管一般由中性硬质玻璃管制成，长9cm以上，内径0.9～1.1mm，壁厚0.10～0.15mm，一端熔封。

③ 试样的装入 放少许（约0.1g）待测熔点的干燥试样于干净的表面皿上，轻轻研碎成尽可能细密的粉末，以得到均一的样品，将试样堆积在一起，将熔点管开口一端向下插入粉末中，然后将熔点管开口一端朝上轻轻在桌面上敲击，或取一支长约80cm的干净玻璃管，垂直于表面皿上，将熔点管从玻璃管上端自由落下，以便粉末试样装填紧密，装入的试样如有空隙则传热不均匀，影响测定结果。上述操作需重复数次。试样装填高度为2～3mm，沾附于管外粉末须拭去，以免污染仪器的加热池。如果同时测两个样品，样品的高度应该基本一致，以确保测量结果的一致性。

④ 熔点测定

a. 设置起始温度和升温速率。

b. 待仪器显示达到起始温度后，将熔点管插入样品插座，保持3～5min后，按"升温"键开始测定，仪器面板自动显示熔化曲线。

c. 根据熔化曲线，读出初熔温度和终熔温度。

d. 待炉温下降到起始温度后，谨慎取出测量完毕的毛细管，再重新装入已装填好样品的毛细管测定，按"升温"键开始测定，读取或计算算术平均值为测定结果。

e. 关机。将熔点仪起始温度设置为30℃，待仪器温度达到设置温度后，关闭熔点仪电源开关。

熔点测定，至少要有两次的重复数据。每一次测定必须用新的熔点管另装试样，不得将已测过熔点的熔点管冷却，使其中试样固化后再做第二次测定。因为某些化合物部分分解后，经加热会转变为具有不同熔点的其他结晶形式。

如果测定未知物的熔点，应先对试样粗测一次，加热可以稍快，知道大致的熔距，待温度冷至熔点10℃以下，再另取一根装好试样的熔点管做准确的测定。

如前后3次测得的熔点相差不超过1℃，可取3次的平均值作为样品的熔点；如3次测得的熔点相差超过1℃时，可再测定2次，并取5次的平均值作为样品的熔点。

⑤ 特殊试样熔点的测定

a. 易升华的化合物：装好试样将上端也封闭起来，因为压力对于熔点影响不大，所以应用封闭的毛细管测定熔点其影响可忽略不计。

b. 易吸潮的化合物：装样动作要快，装好后立即将上端在小火上加热封闭，以免在测定熔点的过程中，试样吸潮使熔点降低。

c. 易分解的化合物：有的化合物遇热时常易分解，如产生气体、碳化、变色等。由于分解产物的生成，使化合物混入一些分解产物的杂质，熔点会有所下降。分解产物生成的多少与加热时间的长短有关。因此，测定易分解样品，其熔点与加热快慢有关。如将酪氨酸慢慢升温，测得熔点为280℃，快速加热测得的熔点为314～318℃。硫脲的熔点，缓慢加热为167～172℃，快速加热则为180℃。为了能重复测得熔点，对易分解的化合物熔点测定常需要作较详细的说明，用括号注明"分解"。

4.5 分光光度法

在分光光度计中，将不同波长的光连续地照射到一定浓度的样品溶液时，便可得到与不同波长相对应的吸收强度。如以波长（λ）为横坐标，吸收强度（A）为纵坐标，就可绘出该物质的吸收光谱曲线。利用该曲线进行物质定性、定量的分析方法，称为分光光度法，也称为吸收光谱法。用紫外光源测定无色物质的方法，称为紫外分光光度法；用可见光光源测定有色物质的方法，称为可见光光度法。它们与比色法一样，都以朗伯-比尔（Lambert-Beer）定律为基础。

分光光度法是比色法的发展。比色法只限于可见光区，分光光度法则可以扩展到紫外光区和红外光区。比色法用的单色光来自滤光片，谱带宽度从40～120nm，精度不高，分光光度法则要求近于真正单色光，其光谱带宽最大不超过3～5nm，在紫外区可到1nm以下，来自棱镜或光栅，具有较高的精度。

4.5.1 基本原理

（1）光的基本知识

光是由光量子组成的，具有二重性，即不连续的微粒和连续的波动性。波长和频率是光的波动性和特征，可用下式表示：

$$\lambda = \frac{C}{\nu}$$

式中，λ 为波长，具有相同的振动相位的相邻两点间的距离叫波长；ν 为频率，每秒钟振动次数；C 为光速等于299770km/s。光属于电磁波。自然界中存在各种不同波长的电磁波。分光光度法所使用的光谱范围在200nm～10μm（1μ=1，000nm）之间。其中200～400nm为紫外光区，400～760nm为可见光区，760～10000nm为红外光区。

（2）朗伯-比尔（Lambert-Beer）定律

朗伯-比尔定律是比色分析的基本原理，这个定律是溶液对单色光的吸收程度与溶液及液层厚度间的定量关系。此定律由朗伯定律和比尔定律归纳而得。物理意义是，当一束平行单色光垂直通过某一均匀非散射的吸光物质时，其吸光度 A 与吸光物质的浓度 c 及吸收层厚度 b 成正比，而透光率 T 与 c、b 成反相关。

$$A = Kbc$$

4.5.2　分光光度计基本结构简介

能从含有各种波长的混合光中将每一单色光分离出来并测量其强度的仪器称为分光光度计。分光光度计因使用的波长范围不同而分为紫外光区、可见光区及红外光区分光光度计等。无论哪一类分光光度计都由下列五部分组成，即光源、单色器、吸收池、检测器和信号显示系统（见图 4-15）。

图 4-15　分光光度计原理示意图

（1）光源

要求能提供所需波长范围的连续光谱，稳定而有足够的强度。在紫外可见分光光度计中，常用的光源有两类：热辐射光源和气体放电光源。热辐射光源用于可见光区，如钨灯和卤钨灯；气体放电光源用于紫外光区，如氢灯和氘灯；金属弧灯（各种汞灯）等多种。

钨灯和卤钨灯发射 320～2000nm 连续光谱，最适宜工作范围为 360～1000nm，稳定性好，用作可见光分光光度计的光源。氢灯和氘灯能发射 150～400nm 的紫外线，可用作紫外光区分光光度计的光源。红外线光源则由纳恩斯特（Nernst）棒产生。汞灯发射的不是连续光谱，能量绝大部分集中在 253.6nm 波长外，一般作波长校正用。钨灯在出现灯管发黑时应及更换，如换用的灯型号不同，还需要调节灯座位置的焦距。氢灯及氘灯的灯管或窗口是石英的，且有固定的发射方向，安装时必须仔细校正，接触灯管时应戴手套以防留下污迹。

（2）单色器（分光系统）

单色器是将光源发出的连续光谱分解成单色光，并能准确方便地"取出"所需要的某一波长的光的光学装置，它是光度计的心脏。单色器主要由狭缝、色散元件和透镜系统组成。其中色散元件是单色器的主要部件。最常用的色散元件是棱镜、光栅，或者是两者的组合。用玻璃制成的棱镜色散力强，但只能在可见光区工作，石英棱镜工作波长范围为 185～4000nm，在紫外区有较好的分辨力，而且也适用于可见光区和近红外区。棱镜的特点是波长越短，色散程度越好，越向长波一侧越差。所以用棱镜的分光光度计，其波长刻度在紫外区可达到 0.2nm，而在长波段只能达到 5nm。

光栅实际上就是一系列等宽、等距离的平行狭缝，它是利用光的衍射与干涉作用制成的。光栅作为色散元件有不少独特的优点，光栅单色器的分辨率比棱镜单色器的分辨率高，可精确到 0.2nm，而且可用的波长范围也比棱镜单色器的范围宽。所以，目前生产的紫外可见分光光度计大多采用光栅作为色散元件。

（3）吸收池

吸收池是用于盛装待测液并决定待测溶液透光液层厚度的器皿，又称比色皿。吸收池一般为长方体，也有圆形或其他形状的。其底及两侧为毛玻璃，另两面为光学透光面。根据光学透光面的材质，吸收池又可分为玻璃吸收池和石英吸收池两种。玻璃吸收池用于可见光区测定，石英吸收池用于紫外光区的测定。吸收池的规格以光程为标志。常用的吸收池规格有 0.5cm、1.0cm、2.0cm、3.0cm、5.0cm 等。不能用手指拿比色杯的光学面，用后要及时洗涤，可用温水或稀盐酸、乙醇以至铬酸洗液（浓酸中浸泡不要超过 15min），表面只能用柔软的绒布或拭镜头纸擦净。

（4）检测器

检测器是将光信号转变为电信号的装置。测量吸光度时，并非直接测量透过吸收池的光强度，而是将光强度转换成电流进行测量，这种光电转换器件称为检测器。有许多金属能在光的照射下产生电流，光愈强电流愈大，此即光电效应。因光照射而产生的电流叫做光电流。受光器有两种，一是光电池，二是光电管。光电池的组成种类繁多，最常见的是硒光电池。光电池受光照射产生的电流颇大，可直接用微电流计量出。但是，当连续照射一段时间会产生疲劳现象而使光电流下降，要在暗中放置一些时候才能恢复。因此，使用时不宜长期照射，随用随关，以防止光电池因疲劳而产生误差。

光电管装有一个阴极和一个阳极，阴极由对光敏感的金属（多为碱土金属的氧化物）做成，当光射到阴极且达到一定能量时，金属原子中电子发射出来。光愈强，光波的振幅愈大，电子放出愈多。电子是带负电的，被吸引到阳极上而产生电流。光电管产生电流很小，需要放大。分光光度计中常用电子倍增光电管，在光照射下所产生的电流比其他光电管要大得多，这就提高了测定的灵敏度。

（5）信号显示系统

信号显示器是将检测器输出的信号放大，并显示出来的装置。旧型号的分光光度计多采用检流计、微安表作显示装置，直接读出吸光度或透光率。新型分光光度计则多采用数字电压表等显示，并用记录仪直接绘制出吸收（或透射）曲线，并配有计算机数据处理器等。

4.5.3 分光光度计的基本应用

（1）测定溶液中物质的含量

可见或紫外分光光度法都可用于测定溶液中物质的含量。测定标准溶液（浓度已知的溶液）和未知液（浓度待测定的溶液）的吸光度并进行比较，因为所用吸收池的厚度是一样的。也可以先测出不同浓度的标准液的吸光度，绘制标准曲线，在选定的浓度范围内标准曲线应该是一条直线，然后测定出未知液的吸光度，即可从标准曲线上查到其相对应的浓度。

含量测定时所用波长通常要选择被测物质的最大吸收波长，这样做有两个好处：一是灵敏度大，物质在含量上的稍许变化将引起较大的吸光度差异；二是可以避免其他物质的干扰。

（2）用紫外光谱鉴定化合物

使用分光光度计可以绘制吸收光谱曲线。方法是用各种波长不同的单色光分别通过某一浓度的溶液，测定此溶液对每一种单色光的吸光度，然后以波长为横坐标，以吸光度为纵坐标绘制吸光度-波长曲线，此曲线即吸收光谱曲线。各种物质有自己一定的吸收光谱曲线，因此用吸收光谱曲线图可以进行物质种类的鉴定。当一种未知物质的吸收光谱曲线和某一已知物质的吸收光谱曲线开关一样时，则很可能它们是同一物质。一定物质在不同浓度时，其吸收光谱曲线中，峰值的大小不同，但形状相似，即吸收高峰和低峰的波长是一定不变的。紫外线吸收是由不饱和的结构造成的，含有双键的化合物表现出吸收峰。紫外吸收光谱比较简单，同一种物质的紫外吸收光谱应完全一致，但具有相同吸收光谱的化合物其结构不一定相同。除了特殊情况外，单独依靠紫外吸收光谱不能决定一个未知物结构，必须与其他方法配合。紫外吸收光谱分析主要用于已知物质的定量分析和纯度分析。

第5章 化学工程与工艺专业实验

实验1 恒沸精馏

【实验目的】

恒沸精馏是一种特殊的分离方法。它通过加入适当的分离媒质来改变被分离组分之间的汽液平衡关系，从而使分离由难变易。恒沸精馏主要适用于含恒沸物组成且用普通精馏无法得到纯品的物系。通常，加入的分离媒质（亦称夹带剂）能与被分离系统中的一种或几种物质形成最低恒沸物，使夹带剂以恒沸物的形式从塔顶蒸出，而塔釜得到纯物质。这种方法就称作恒沸精馏。

本实验使学生通过制备无水乙醇，达到以下目的：

① 加强并巩固对恒沸精馏过程的理解；

② 熟悉实验精馏塔的构造，掌握精馏操作方法；

③ 掌握气相色谱仪分析操作方法。

【实验原理】

在常压下，用常规精馏方法分离乙醇-水溶液，最高只能得到浓度为95.57%（质量分数）的乙醇。这是乙醇与水形成恒沸物的缘故，其恒沸点78.15℃，与乙醇沸点78.30℃十分接近，形成的是均相最低恒沸物。浓度95%左右的乙醇常称作工业乙醇。

由工业乙醇制备无水乙醇，可采用恒沸精馏的方法。实验室中恒沸精馏过程的研究，包括以下几个内容。

(1) 夹带剂的选择

恒沸精馏成败的关键在于夹带剂的选取，一个理想的夹带剂应该满足如下几个条件。

① 必须至少能与原溶液中一个组分形成最低恒沸物，希望此恒沸物比原溶液中的任一组分的沸点或原来的恒沸点低10℃以上。

② 在形成的恒沸物中，夹带剂的含量应尽可能少，以减少夹带剂的用量，节省能耗，降低成本。

③ 回收容易，一方面希望形成的最低恒沸物是非均相恒沸物，可以减轻分离恒沸物的工作量；另一方面，在溶剂回收塔中，应该与其他物料有相当大的挥发度差异。

④ 应具有较小的汽化潜热，以节省能耗。

⑤ 价廉、来源广，无毒、热稳定性好且腐蚀性小等。

工业乙醇制备无水乙醇，适用的夹带剂有苯、正己烷、环己烷和乙酸乙酯等。它们都能与水-乙醇形成多种恒沸物，而且其中的三元恒沸物在室温下又可以分为两相，一相富含夹带剂，另一相中富含水，前者可以循环使用，后者又很容易分离出来，这样使得整个分离过程大为简化。

本实验采用正己烷为恒沸剂制备无水乙醇。当正己烷被加入乙醇-水系统以后可以形成四种恒沸物，一是乙醇-水-正己烷三者形成一个三元恒沸物，二是它们两两之间又可形成三个二元恒沸物。它们的恒沸物性质见表5-1、表5-2。

表 5-1　常压下夹带剂与水、乙醇形成三元恒沸物的数据

组分			各组分沸点			恒沸温度 /℃	恒沸组成(质量分数)		
1	2	3	1	2	3		1	2	3
乙醇	水	苯	78.3	100	80.1	64.85	18.5%	7.4%	74.1%
乙醇	水	乙酸乙酯	78.3	100	77.1	70.23	8.4%	9.0%	82.6%
乙醇	水	三氯甲烷	78.3	100	61.1	55.50	4.0%	3.5%	92.5%
乙醇	水	正己烷	78.3	100	68.7	56.00	11.9%	3.0%	85.0%

表 5-2　乙醇-水-正己烷三元系统恒沸物性质

物系	恒沸点 /℃	恒沸组成(质量分数)/%			在恒沸点分相液的相态
		乙醇	水	正己烷	
乙醇-水	78.174	95.57	4.43		均相
水-正己烷	61.55		5.6	94.40	非均相
乙醇-正己烷	58.68	21.02		78.98	均相
乙醇-水-正己烷	56.00	11.98	3.00	85.02	非均相

（2）夹带剂用量的确定

具有恒沸物系统的精馏进程与普通精馏不同，表现在精馏产物不仅与塔的分离能力有关，而且与进塔总组成落在哪个浓度区域有关。因为精馏塔中的温度沿塔向上是逐板降低，不会出现极值点。只要塔的分离能力（回流比、塔板数）足够大，塔顶产物可为温度曲线的最低点，塔底产物可为温度曲线上的最高点。因此，当温度曲线在全浓度范围内出现极值点时，该点将成为精馏路线通过的障碍。于是，精馏产物按混合液的总组成分区，称为精馏区。

当添加一定数量的正己烷于工业乙醇中精馏时，整个精馏过程可以用图5-1加以说明。图上 A、B、W 分别表示乙醇、正己烷和水的纯物质，C、D、E 点分别代表三个二元恒沸物，T 点代表 A-B-W 三元恒沸物。曲线 BNW 为三元混合物在25℃时的溶解度曲线。曲线以下为两相共存区，以上为均相区，该曲线受温度的影响而上下移动。图中的三元恒沸物组成点 T 室温下是处在两相区内。

以 T 点为中心，连接三种纯物质 A、B、W 和三个二元恒沸组成点 C、D、E，则该三角形相图被分成六个小三角形。当塔顶混相回流（即回流液组成与塔顶上升蒸气组成相同）时，如果原料液的组成落在某个小三角形内，那么间歇精馏的结果只能得到这个小三角形三个顶点所代表的物质。为此要想得到无水乙醇，就应保证原料液的总组成落在包含顶点 A 的小三角形内。但由于乙醇-水的二元恒沸点与乙醇沸点相差极小，仅 0.15℃，很难将两者

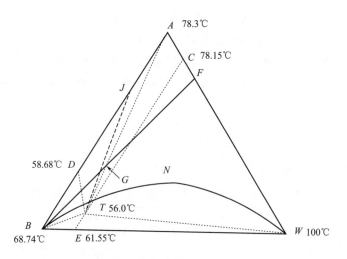

图 5-1　恒沸精馏原理图

分开，而乙醇-正己烷的恒沸点与乙醇的沸点相差 19.62℃，很容易将它们分开，所以只能将原料液的总组成配制在三角形的 ATD 内。

图中 F 代表乙醇-水混合物的组成，随着夹带剂正己烷的加入，原料液的总组成将沿着 FB 线变化，并将与 AT 线相交于 G 点。这时，夹带剂的加入量称作理论恒沸剂用量，它是达到分离目的所需最少的夹带剂用量。如果塔有足够的分离能力，则间歇精馏时三元恒沸物从塔顶馏出（56℃），釜液组成就沿着 TA 线向 A 点移动。但实际操作时，往往总将夹带剂过量，以保证塔釜脱水完全。这样，当塔顶三元恒沸物 T 出完以后，接着馏出沸点略高于它的二元恒沸物，最后塔釜得到无水乙醇，这就是间歇操作特有的效果。

倘若将塔顶三元恒沸物（图中 T 点，56℃）冷凝后分成两相。一相为油相富含正己烷，一相为水相，利用分层器将油相回流，这样正己烷的用量可以低于理论夹带剂的用量。分相回流也是实际生产中普遍采用的方法。它的突出优点是夹带剂用量少，夹带剂提纯的费用低。

（3）夹带剂的加入方式

夹带剂一般可随原料一起加入到精馏塔中，若夹带剂的挥发度比较低，则应在加料板的上部加入，若夹带剂的挥发度比较高，则应在加料板的下部加入。目的是保证全塔各板上均有足够的夹带剂浓度。

（4）恒沸精馏操作方式

恒沸精馏既可用于连续操作，又可用于间歇操作。

（5）夹带剂用量的确定

夹带剂理论用量的计算可利用三角形相图，按物料平衡式求解之。若原溶液的组成为 F 点，加入夹带剂 B 以后，物系的总组成将沿 FB 线向着 B 点方向移动。当物系的总组成移到 G 点时，恰好能将水以三元恒沸物的形式带出，以单位原料液 F 为基准，对水作物料衡算，得：

$$DX_{D水} = FX_{F水}$$
$$D = FX_{F水}/X_{D水}$$

夹带剂 B 的理论用量为：

$$B = DX_{DB}$$

式中，F 为进料量；D 为塔顶三元恒沸物量；B 为夹带剂理论用量；X_{Fi} 为 i 组分的原料组成；X_{Di} 为塔顶恒沸物中 i 组成。

【实验装置及流程】

实验装置见图 5-2。实验所用的精馏柱为内径 $\phi20\text{mm}$ 的玻璃塔，塔内装有 $\phi2\text{mm}$ 不锈钢三角形螺旋填料，填料层高 1m。塔身采用真空夹套以便保温。塔釜为 1000mL 的三口烧瓶，其中位于中间的一个口与塔身相连，侧面的一口为测温口，用于测量塔釜液相温度，另一口作为进料和取样口。塔釜配有 350W 电热碗，加热并控制釜温。经加热沸腾后的蒸气通过填料层到达塔顶，塔顶采用一特殊的冷凝头，以满足不同操作方式的需要。既可实现连续精馏操作，又可进行间歇精馏操作。塔顶冷凝液流入分相器后，分为两相，上层为油相富含正己烷，下层富含水，油相通过溢流口，用考克阀控制回流量。

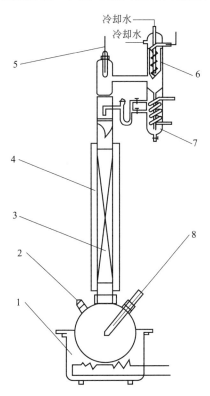

图 5-2　恒沸精馏装置图

1—加热套；2—进料口；3—填料；4—保温管；

5,8—温度计；6—冷凝器；7—油水分离器

【实验步骤及方法】

① 称取 100g 95％（质量分数）乙醇（以色谱分析数据为准），按夹带剂的理论用量算出正己烷的加入量。

② 将配制好的原料加入塔釜中，开启塔釜加热电源及塔顶冷却水。

③ 当塔顶有冷凝液时，便要注意调节回流阀门，实验过程采用油相回流。

④ 每隔 10min 记录一次塔顶、塔釜温度，每隔 20min，取塔釜液相样品分析，当塔釜温度升到 80℃时，若釜液纯度达 99.5％以上即可停止实验。

⑤ 取出分相器中的富水层，称重并进行分析，然后再取富含正己烷的油相分析其组成。

称出塔釜产品的质量。

⑥ 切断电源，关闭冷却水，结束实验。

⑦ 实验中各点的组成均采用气相色谱（热导检测器）分析法分析。

【实验数据处理】

① 作间歇操作的全塔物料衡算，推算出塔顶三元恒沸物的组成。

② 根据表 5-3 的数据，画出 25℃ 下，乙醇-水-正己烷三元系溶解度曲线，标明恒沸物组成点，画出加料线。

③ 计算本实验过程的收率。

表 5-3　水-乙醇-正己烷 25℃ 液-液平衡数据（摩尔分数）

水相/%			油相/%		
69.423	30.111	0.466	0.474	1.297	98.230
40.227	56.157	3.616	0.921	6.482	92.597
26.643	64.612	8.754	1.336	12.540	86.124
19.803	65.678	14.517	2.539	20.515	76.946
13.284	61.759	22.957	3.959	30.339	65.702
12.879	58.444	28.676	4.940	35.808	59.253
11.732	56.258	32.010	5.908	38.983	55.109
11.271	55.091	33.639	6.529	40.849	52.622

【结果及讨论】

① 将算出的三元恒沸物组成与文献值比较，求出其相对误差，并分析实验过程产生误差的原因。

② 根据绘制相图，对精馏过程作简要说明。

③ 讨论本实验过程对乙醇收率的影响。

【思考题】

① 恒沸精馏适用于什么物系？

② 恒沸精馏对夹带剂的选择有哪些要求？

③ 夹带剂的加料方式有哪些？目的是什么？

④ 恒沸精馏产物与哪些因素有关？

⑤ 用正己烷作为夹带剂制备无水乙醇，那么在相图上可分成几个区？如何分？本实验拟在哪个区操作？为什么？

⑥ 如何计算夹带剂的加入量？

⑦ 需要采集哪些数据，才能作全塔的物料衡算？

⑧ 采用分相回流的操作方式，夹带剂用量可否减少？

⑨ 提高乙醇产品的收率，应采取什么措施？

⑩ 实验精馏塔有哪几部分组成？说明动手安装的先后次序，理由是什么？

实验2 填料塔分离效率的测定

【实验目的】

填料塔是生产中广泛使用的一种塔型，在进行设备设计时，要确定填料层高度，或确定理论塔板数与等板高度（HETP）。其中理论板数主要取决于系统性质与分离要求，HETP则与塔的结构、操作因素以及系统物性有关。

由于精馏系统中低沸组分与高沸组分表面张力上的差异，沿着气液界面形成了表面张力梯度。表面张力梯度不仅能引起表面的强烈运动，而且还可导致表面的蔓延或收缩。这与填料表面液膜的稳定或破坏以及传质速率都有密切关系，从而影响分离效果。

本实验主要有两个目的：

① 了解系统表面张力对填料精馏塔效率的影响机理；

② 测定甲酸-水系统在正、负系统范围的 HETP。

【实验原理】

根据热力学分析，为使喷淋液能很好地润湿填料表面，在选择填料的材质时，要使固体的表面张力 σ_{SV} 大于液体的表面张力 σ_{LV}。然而有时虽已满足上述热力学条件，但液膜仍会破裂形成沟流，这是由于混合液中低沸组分与高沸组分表面张力不同，随着塔内传质传热的进行，形成表面张力梯度，造成填料表面液膜的破碎，从而影响分离效果。根据系统中组分表面张力的大小，可将二元精馏系统分为下列三类。

（1）正系统

低沸组分的表面张力叫较低，即 $\sigma_l < \sigma_h$。当回流液下降时，液体的表面张力 σ_{LV} 值逐渐增大。

（2）负系统

与正系统相反，低沸组分的表面张力 σ_l 较高，即 $\sigma_l > \sigma_h$。因而回流液下降过程中，表面张力 σ_{LV} 逐渐减小。

（3）中性系统

系统中低沸组分的表面张力与高沸组分的表面张力相近，即 $\sigma_l \approx \sigma_h$，或两组分的挥发度差异甚小，使得回流液的表面张力值并不随着塔中的位置发生多大变化。

在精馏操作中，由于传质与传热的结果，导致液膜表面不同区域的浓度或温度不均匀，使表面张力发生局部变化，形成表面张力梯度，从而引起表面层内液体的运动，产生玛兰哥尼（Marangoni）效应。这一效应可引起界面处的不稳定，形成旋涡；也会造成界面的切向和法向脉动，而这些脉动有时又会引起界面的局部破裂，因此由玛兰马尼效应引起的局部流体运动反过来又影响传热传质。

填料塔内，相际接触面积的大小取决于液膜的稳定性。若液膜不稳定，液膜破裂形成沟流，使相际接触面积减少。由于液膜不均匀，传质也不均匀，液膜较薄的部分轻组分传出较多，重组分传入也较多，于是液膜较薄处的轻组分含量就比液膜较厚处小。对正系统而言（如图 5-3 所示），由于轻组分的表面张力小于重组分，液膜薄处的表面张力较大，而液膜较厚处的表面张力比较薄处小，表面张力差推动液体从较厚处流向较薄处，这样液膜修复，变得稳定。对于负系统，则情况相反，在液膜较薄处表面张力比液膜较厚处小，表面张力差使液体从较薄处流向较厚处，这样液膜被撕裂形成沟流。实验证明，正、负系统在填料塔中具有不同的传质效率，负系统的等板高度（HETP）可比正系统大一倍甚至一倍以上。

本实验使用的精馏系统为具有最高共沸点的甲酸-水系统。试剂级的甲酸质量分数为85％左右。在使用同一系统进行正系统和负系统实验时，必须将其浓度配制在正系统与负系统的范围内。水-甲酸系统的共沸组成为：$x_{H_2O} = 0.435$，而85％（质量分数）甲酸的水溶液中水的摩尔分数为0.3048，落在共沸点的左边，为正系统范围，水-甲酸系统的 x-y 图，如图5-4所示。

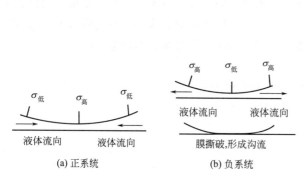

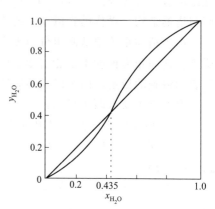

图 5-3　表面张力梯度对液膜稳定性的影响

图 5-4　水-甲酸系统的 x-y 图

其汽液平衡数据见表5-4。

表 5-4　水-甲酸汽液平衡数据

$t/℃$	102.3	104.6	105.9	107.1	107.6	107.6	107.1	106.0	104.2	102.9	101.8
x_{H_2O}	0.0405	0.155	0.218	0.321	0.411	0.464	0.522	0.632	0.740	0.829	0.900
y_{H_2O}	0.0245	0.102	0.162	0.279	0.405	0.482	0.567	0.718	0.836	0.907	0.951

【实验装置及流程】

本实验所用的玻璃填料塔内径为30mm，填料层高度为540mm，内装 4mm×4mm×1mm陶瓷拉西环填料，整个塔体采用导电透明薄膜进行保温。蒸馏釜为1000mL圆底烧瓶，用功率350W的电热碗加热。塔顶装有冷凝器，在填料层的上、下两端各有一个取样装置，其上有温度计套管可插温度计测温。塔釜加热量用可控硅调压器调节，塔身保温部分亦用可控硅电压调整器对保温电流大小进行调节，实验装置如图5-5所示。

实验分别在正系统与负系统的范围下进行，其步骤如下。

① 正系统：取85％（质量分数）的甲酸-水溶液，略加一些水，使入釜的甲酸-水溶液既处在正系统范围，又更接近共沸组成，使画理论板时不至于集中于图的左端。

② 将配制的甲酸-水溶液加入塔釜，并加入沸石。

③ 打开冷却水，合上电源开关，由调压器控制塔釜的加热量与塔身的保温电流。

④ 本实验为全回流操作，待操作稳定后，才可用长针头注射器在上、下两个取样口取样分析。

⑤ 待正系统实验结束后，按计算再加入一些水，使之进入负系统浓度范围，但加水量

不宜过多，造成水的浓度过高，以免画理论板时集中于图的右端。

⑥ 为保持正、负系统在相同的操作条件下进行实验，则应保持塔釜加热电压不变，塔身保温电流不变，以及塔顶冷却水量不变。

⑦ 同步骤④，待操作稳定后，取样分析。

⑧ 实验结束，关闭电源及冷却水，待釜液冷却后倒入废液桶中。

⑨ 本实验采用 NaOH 标准溶液滴定分析。

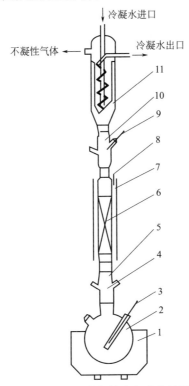

图 5-5　填料塔分离效率实验装置图

1—电热套；2—圆底烧瓶；3—温度计；4—塔底取样段温度计；5—塔底取样装置；
6—填料塔；7—保温夹套；8—保温温度计；9—塔顶取样装置；
10—塔顶取样温度计；11—冷凝器

【数据处理】

① 将实验数据及实验结果列表。

② 根据水-甲酸系统的汽液平衡数据，作出水-甲酸系统的 x-y 图。

$$x_水 = 1/\{1 + [NVM_水/(G - NVM_{甲酸})]\}$$

③ 在图上画出全回流时正、负系统的理论板数。

④ 求出正、负系统相应的 HETP。

⑤ 提出分析样品甲酸含量的方案。

【主要符号说明】

x——液相中易挥发组分的摩尔分率；

y——汽相中易挥发组分的摩尔分率；

σ——表面张力；

G——所取样品的质量，g；

N——氢氧化钠浓度，mol/L；

V——氢氧化钠体积，L；

$M_水$——水分子量；

$M_{甲酸}$——甲酸分子量。

【思考题】

① 何谓正系统、负系统？正负系统对填料塔的效率有何影响？

② 从工程角度出发，讨论研究正、负系统对填料塔效率的影响有何意义？

③ 本实验通过怎样的方法，得出负系统的等板高度（HETP）大于正系统的 HETP？

④ 设计一个实验方案，包括如何做正系统与负系统的实验，如何配制溶液，假定含 85%（质量分数）甲酸的水溶液 500mL，约 610g。

⑤ 为什么水-甲酸系统的 x-y 图中，共沸点的左边为正系统，右边为负系统？

⑥ 估计一下正、负系统范围内塔顶、塔釜的浓度。

⑦ 操作中要注意哪些问题？

⑧ 提出分析样品甲酸含量的方案。

实验3 固膜分离

近数十年来，膜分离技术的发展非常迅速，在液-固（液体中的超细微粒）分离、液-液分离、气-气分离、膜反应分离耦合、集成分离技术等方面取得了突破，应用于化学工业、石油化工、生物医药和环境保护等领域，对提高产品质量、节能降耗和减轻污染等都具有极为重要的战略意义。通常，膜有对称膜、不对称膜、复合膜和多层复合膜等，按膜的材料可分为有机膜和无机膜。膜分离法是用天然或人工合成的膜，以外界能量或化学位差为推动力，对双组分或多组分的溶质与溶剂进行分离、分级、提纯和富集的方法，因而它可用于液相和气相。液相膜分离，如水溶液体系、非水溶液体系、水溶胶体系和含有其他微粒的水溶液体系等。目前，膜分离包括反渗透（RO）、纳滤（NF）、超滤（UF）、微滤（MF）、渗透汽化（PV）和气体分离（GS）等。超滤膜分离过程具有无相变、设备简单、效率高、占地面积小、操作方便、能耗少和适应性强等优点，一般来说，超滤膜截留分子量为 $500 \sim 100000$（孔径 $1 \sim 50nm$），因而它广泛应用于电子、饮料、食品、医药和环保等各个领域。因此，通过中空纤维超滤膜浓缩蛋白质分子的实验，对了解和熟悉新的膜分离技术具有十分重要的现实意义。

【实验目的】

① 了解和熟悉超滤膜分离的主要工艺参数；

② 了解液相膜分离技术的特点；

③ 培养并掌握超滤膜分离的实验操作技能。

【超滤膜分离的基本原理】

通常，以压力差为推动力的液相膜分离方法有反渗透（RO）、纳滤（NF）、超滤（UF）和微滤（MF）等方法，图 5-6 是各种渗透膜对不同物质的截留示意图。对超滤（UF）而言，一种被广泛用来形象地分析超滤膜分离机理的说法是"筛分"理论。该理论认为，膜表面具有无数微孔，这些实际存在的不同孔径的孔眼像筛子一样，截留住了分子直径大于孔径的溶质和颗粒，从而达到了分离的目的。最简单的超滤器工作原理如图 5-7 所示。

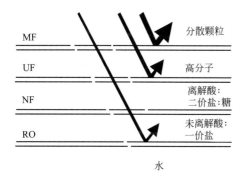

图 5-6　各种渗透膜对不同种
物质的截留示意图

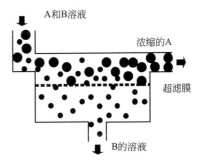

图 5-7　最简单的超滤器工作
原理示意图

在一定的压力作用下，当含有高分子（A）和低分子（B）溶质的混合溶液流过被支撑的超滤膜表面时，溶剂（如水）和低分子溶质（如无机盐类）将透过超滤膜，作为透过物被搜集起来；高分子溶质（如有机胶体）则被超滤膜截留而作为浓缩液被回收。应当指出的是，若超滤完全用"筛分"的概念来解释，会非常含糊。在有些情况下，似乎孔径大小是物料分离的唯一支配因素；但对有些情况，超滤膜材料表面的化学特性却起到了决定性的截留作用。如有些膜的孔径既比溶剂分子大，又比溶质分子大，本不应具有截留功能，但令人意外的是，它却仍具有明显的分离效果。由此可知，比较全面一些的解释是：在超滤膜分离过程中，膜的孔径大小和膜表面的化学性质等，将分别起着不同的截留作用。因此，不能简单地分析超滤现象，孔结构是重要因素，但不是唯一因素，另一重要因素是膜表面的化学性质。

【实验设备、流程和仪器】

（1）主要设备

中空纤维超滤膜浓缩蛋白质分子实验装置示意图如图 5-8 所示。

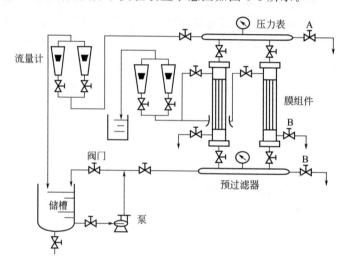

图 5-8　中空纤维超滤膜浓缩蛋白质分子实验装置示意图

组件型号：XZL-UF10-1；

主要参数：截留分子量 10000；

膜面积：0.5m²；

适宜流量：20～50L/h。

（2）实验流程（见图 5-8）

本实验将含蛋白质料液经泵从下部输送到中空纤维超滤膜组件。将含蛋白质料液一分为二：一是透过液——透过膜的稀溶液，该稀溶液由流量计计量后回到含蛋白质料液储罐；二是浓缩液——未透过膜的溶液（浓度高于料液），浓缩液经转子流量计计量后也回到料液储槽。在本流程中，阀门 A 处可为膜组件加保护液（1%甲醛溶液）用；阀门 B 处可放出保护液；预过滤器为 200 目不锈钢网过滤器，作用是拦截料液中的不溶性杂质，以保护膜不受阻塞。

（3）主要分析仪器

UV1800 型紫外分光光度计，用于测定溶液浓度。

【实验步骤及方法】

（1）实验方法

将预先配置的牛血清蛋白质料液在0.1MPa压力和室温下，进行不同流量的超滤膜分离实验。在稳定操作30min后，取样品分析。取样方法：从牛血清蛋白质料液储槽中用移液管取5mL浓缩液入100mL容量瓶中，与此同时在透过液出口端用100mL烧杯接取透过液约50mL，然后用移液管从烧杯中取10mL放入第二个容量瓶中，以及在浓缩液出口端用100mL烧杯接取浓缩液约50mL，并用移液管从烧杯中取5mL放入第三个容量瓶中。利用UV1800型紫外分光光度计，测定三容量瓶的表面活性剂浓度。烧杯中剩余透过液和浓缩液全部倾入表面活性剂料液储槽中，充分混匀。随后进行下一个流量实验。

（2）操作步骤

① 1800型紫外分光光度计通电预热20min以上。

② 若长时间内不进行膜分离实验，为防止中空纤维膜被微生物侵蚀而损伤，在超滤组件内必须加入保护液。在实验前必须将超滤组件中的保护液放净。

③ 清洗中空纤维超滤组件，为洗去残余的保护液，用自来水清洗2～3次，然后放净清洗液。

④ 检查实验系统阀门开关状态，使系统各部位的阀门处于正常运转状态。

⑤ 将配制的牛血清蛋白质料液加入料液槽计量，记录牛血清蛋白质料液的体积。用移液管取料液5mL放入容量瓶（100mL）中，以测定原料液的初始浓度。

⑥ 在启动泵之前，必须向泵内注满原料液。

⑦ 启动泵稳定运转30min后，按"实验方法"进行条件实验，做好记录。实验完毕后即可停泵。

⑧ 清洗中空纤维超滤组件。待超滤组件中的牛血清蛋白质料液放净之后，用自来水代替原料液，在较大流量下运转20min左右，清洗超滤组件中残余牛血清蛋白溶液。

⑨ 加保护液。如果一天以上不使用超滤组件，须加入保护液至中空纤维超滤组件的2/3高度。然后密闭系统，避免保护液损失。

⑩ 将1800型紫外分光光度计清洗干净，比色皿清洗干净放到指定位置，以及切断分光光度计的电源。

【实验数据处理】

（1）实验条件和数据记录

实验序号	浓度/(mg/L)			流量/(L/h)		压力/MPa	备注
	原料液	浓缩液	透过液	浓缩液	透过液		

（2）数据处理

① 牛血清蛋白质截留率（R）：

$$R = [(原料液初始浓度 - 透过液浓度)/原料液初始浓度] \times 100\%$$

② 透过液通量（J）[L/(m² · h)]：

$$J = 渗透液体积/实验时间 \times 膜面积$$

③ 牛血清蛋白质浓缩倍数（N）：

$$N = 浓缩液中牛血清蛋白质浓度/原料液中牛血清蛋白质浓度$$

④ 在坐标上绘制 R-流量、J-流量和 N-流量的关系曲线。

【思考题】

① 请说明超滤膜分离的机理。

② 超滤组件长期不用时，为何要加保护液？

③ 在实验中，如果操作压力过高会有什么结果？

④ 提高料液的温度对膜通量有什么影响？

⑤ 在启动泵之前为何要灌泵？

实验4 一氧化碳中温-低温串联变换反应

【实验目的】

一氧化碳变换生成氢和二氧化碳的反应是石油化工与合成氨生产中的重要过程。本实验模拟中温-低温串联变换反应过程，用直流流动法同时测定中温变换铁基催化剂与低温变换铜基催化剂的相对活性，达到以下实验目的。

① 进一步理解多相催化反应有关知识，初步接触工艺设计思想。

② 掌握气固相催化反应动力学实验研究方法及催化剂活性的评比方法。

③ 获得两种催化剂上变换反应的速率常数 k_T 与活化能 E。

【实验原理】

一氧化碳的变换反应为：

$$CO + H_2O \Longrightarrow CO_2 + H_2$$

反应必须在催化剂存在的条件下进行。中温变换采用铁基催化剂，反应温度为 $350 \sim 500 ℃$，低温变换采用铜基催化剂，反应温度为 $220 \sim 320 ℃$。

设反应前气体混合物中各组分干基摩尔分数分别为 $y^0_{CO,d}$、$y^0_{CO_2,d}$、$y^0_{H_2,d}$、$y^0_{N_2,d}$；初始汽气比为 R_0；反应后气体混合物中各组分干基摩尔率为 $y_{CO,d}$、$y_{CO_2,d}$、$y_{H_2,d}$、$y_{N_2,d}$，一氧化碳的变换率为

$$\alpha = \frac{y^0_{CO,d} - y_{CO,d}}{y^0_{CO,d}(1 + y_{CO,d})} = \frac{y_{CO_2} - y^0_{CO_2,d}}{y^0_{CO_2,d}(1 - y_{CO_2,d})}$$

根据研究，铁基催化剂上一氧化碳中温变换反应本征动力学方程可表示为

$$\gamma_1 = -\frac{dN_{CO}}{dW} = \frac{dN_{CO_2}}{dW} = k_{T_1} p_{CO} p_{CO_2}^{-0.5}\left(1 - \frac{p_{CO_2} p_{H_2}}{K_p p_{CO} p_{H_2O}}\right)$$
$$= k_{T_1} f_1(p_i)[mol/(g \cdot h)]$$

铜基催化剂上一氧化碳低温变换反应本征动力学方程可表示为

$$\gamma_2 = -\frac{dN_{CO}}{dW} = \frac{dN_{CO_2}}{dW} = k_{T_2} p_{CO} p_{CO_2}^{-0.5} p_{CO_2}^{0.2} p_{H_2}^{-0.2}\left(1 - \frac{p_{CO_2} p_{H_2}}{K_p p_{CO} p_{H_2O}}\right)$$
$$= k_{T_2} f_2(p_i)[mol/(g \cdot h)]$$

$$K_p = \exp\left[2.3026\left(\frac{2185}{T} - \frac{0.1102}{2.3026}\ln T + 0.6218 \times 10^{-3} T - 1.0604 \times 10^{-7} T^2 - 2.218\right)\right]$$

在恒温下，由积分反应器的实验数据，可按下式计算反应速率常数 k_{T_i}：

$$k_{T_i} = \frac{V_{0,i} y^0_{CO}}{22.4W} \int_0^{\alpha_{i\text{出}}} \frac{d\alpha_i}{f_i(p_i)}$$

采用图解法或编制程序计算，就可由上式求得某一温度下的反应速率常数值。测得多个温度的反应速率常数值，根据阿累尼乌斯方程 $k_T = k_0 e^{(-E/RT)}$ 即可求得指前因子 k_0 和活化能 E。

由于中变以后引出部分气体分析，故低变气体的流量需重新计算，低变气体的入口组成

需由中变气体经物料衡算得到，即等于中变气体的出口湿基分率 y_{1i}：

$$y_{1H_2O} = y_{H_2O}^0 - y_{CO}^0 \alpha_1$$

$$y_{1CO} = y_{CO}^0 (1 - \alpha_1)$$

$$y_{1CO_2} = y_{CO_2}^0 + y_{CO}^0 \alpha_1$$

$$y_{1H_2} = y_{H_2}^0 + y_{CO}^0 \alpha_1$$

$$V_2 = V_1 - V_分 = V_0 - V_分$$

$$V_分 = V_{分,d}(1 + R_1) = V_{分,d} \frac{1}{1 - (y_{H_2O}^0 - y_{CO}^0 \alpha_1)}$$

转子流量计计量的 $V_{分,d}$，需进行分子量换算，从而需求出中变出口各组分干基分率 $y_{1i,d}$：

$$y_{1CO,d} = \frac{y_{CO,d}^0 (1 - \alpha_1)}{1 + y_{CO,d}^0 \alpha_1}$$

$$y_{1CO_2,d} = \frac{y_{CO_2,d}^0 + y_{CO,d}^0 \alpha_1}{1 + y_{CO,d}^0 \alpha_1}$$

$$y_{1H_2,d} = \frac{y_{H_2,d}^0 + y_{CO,d}^0 \alpha_1}{1 + y_{CO,d}^0 \alpha_1}$$

$$y_{1N_2,d} = \frac{y_{N_2,d}^0}{1 + y_{CO,d}^0 \alpha_1}$$

同中变计算方法，可得到低变反应速率常数及活化能。

【实验流程】

实验流程见图 5-9。

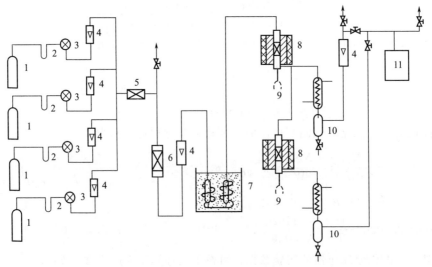

图 5-9 中温-低温串联实验系统流程

1—钢瓶；2—净化器；3—稳压器；4—流量计；5—混合器；6—脱氧槽；
7—饱和器；8—反应器；9—温度计；10—分离器；11—气相色谱仪

实验用原料气 N_2、H_2、CO_2、CO 取自钢瓶，四种气体分别经过净化后，由稳压器稳定压力，经过各自的流量计计量后，汇成一股，放空部分多余气体。所需流量的气体进脱氧槽脱除微量氧，经总流量计计量，进水饱和器，定量加入蒸汽，再由保温管进入中变反应器。反应后的少量气体引出冷却、分离水分后进行计量、分析，大量气体再送入低变反应器，反应后的气体冷却分离水分，经分析后排放。

【实验步骤及方法】

（1）开车及实验步骤

① 检查系统是否处于正常状态。

② 开启氮气钢瓶，置换系统约 5min。

③ 接通电源，缓慢升反应器温度，同时把脱氧槽缓慢升温至 200℃恒定。

④ 中、低变床层温度升至 100℃时，开启管道保温控制仪，开启水饱和器，同时打开冷却水，管道保温，水饱和器温度恒定在实验温度下。

⑤ 调节中、低变反应器温度到实验条件后，切换成原料气，稳定 20min 左右，随后进行分析，记录实验条件和分析数据。

（2）停车步骤

① 关闭原料气钢瓶，切换成氮气，关闭反应器控温仪。

② 稍后关闭水饱和器加热电源，置换水浴热水。

③ 关闭管道保温，待反应床温低于 200℃以下，关闭脱氧槽加热电源，关闭冷却水，关闭氮气钢瓶，关闭各仪表电源及总电源。

（3）注意事项

① 由于实验过程有水蒸气加入，为避免水蒸气在反应器内冷凝使催化剂结块，必须在反应床温升至 150℃以后才能启用水饱和器，而停车时，在床温降到 150℃以前关闭饱和器。

② 由于催化剂在无水条件下，原料气会将它过度还原而失活，故在原料气通入系统前要先加入水蒸气，相反停车时，必须先切断原料气，后切断水蒸气。

（4）实验条件

① 流量：控制 CO、CO_2、H_2、N_2 流量分别为 2～4L/h，总流量为 8～15L/h，中变出口分流量为 2～4L/h。

② 饱和器温度控制在 （72.8～80.0）℃±0.1℃。

③ 催化剂床层温度：反应器内中变催化床温先后控制在 360℃、390℃、420℃，低变催化床温度先后控制在 220℃、240℃、260℃。

【数据处理】

（1）实验数据记录

记录实验现象，设计表格，列出实验数据。

（2）数据处理

① 转子流量计的校正　转子流量计直接用 20℃的水或 20℃、0.1MPa 的空气进行标定，因此各气体流体需校正。

$$\rho_i = \frac{pM_i}{RT}$$

$$V_i = V_{i,读}\sqrt{\frac{\rho_f - \rho_i}{\rho_f - \rho_0} \times \frac{\rho_0}{\rho_i}}$$

② 汽气比的计算　湿气体中的水蒸气在饱和器内加入，饱和器中总压为大气压 p_a 与静压 p_s 之和，因而汽气比 R_0 的计算公式为：

$$R_0 = \frac{p_{\mathrm{H_2O}}}{p_{\mathrm{a}} + p_{\mathrm{g}} + p_{\mathrm{H_2O}}}$$

式中，水饱和蒸汽压 $p_{\mathrm{H_2O}}$ 用安托因公式计算。

$$\ln p_{\mathrm{H_2O}} = A - \frac{B}{C+t}$$

式中，$A = 7.07406(10 \sim 168℃)$，$B = 1657.16(10 \sim 168℃)$，$C = 227.02(10 \sim 168℃)$。

【思考题】

① 本实验的目的是什么？

② 实验系统中气体如何净化？

③ 氮气在实验中的作用是什么？

④ 水饱和器的作用和原理是什么？

⑤ 反应器采用哪种形式？

⑥ 在进行本征动力学测定时，应用哪些原则选择实验条件？

⑦ 本实验反应后为什么只分析一个量？

⑧ 试分析实验操作过程中应注意哪些事项？

⑨ 试分析本实验中的误差来源与影响程度？

【主要符号说明】

A、B、C——安托因系数；

K_p——以分压表示的平衡常数；

k_{Ti}——反应速率常数，$\mathrm{mol/(g \cdot h \cdot Pa^{0.5})}$；

M_i——气体摩尔质量，$\mathrm{kg/mol}$；

N_{CO}、$N_{\mathrm{CO_2}}$——CO、CO_2 的摩尔流量，$\mathrm{mol/(g \cdot h)}$；

R_1——低变反应器的入口汽气比；

T——反应温度，T；

t——饱和温度，℃；

V_0——中变反应器入口气体湿基流量，$\mathrm{L/h}$；

V_i——中变反应器中湿基气体的流量，$\mathrm{L/h}$；

$V_分$——中变反应器入口气体湿基流量，$\mathrm{L/h}$；

$V_{分,d}$——中变后引出分析气体的干基流量，$\mathrm{L/h}$；

V_2——低变反应器中湿基气体流量，$\mathrm{L/h}$；

$V_{0,i}$——反应器入口湿基标准态体积流量，$\mathrm{L/h}$；

W——催化剂量，g；

y_{CO}^0——反应器入口 CO 湿基摩尔分率；

y_{1i}——i 组分中变出口湿基分率；

y_i^0——i 组分中变入口湿基分率；

$\alpha_{i出}$——中变或低变反应器出口 CO 的变换率；

α_1——中变反应器中 CO 的变换率；

ρ_f——转子密度，$\mathrm{kg/m^3}$；

ρ_i——气体密度，$\mathrm{kg/m^3}$；

ρ_0——标定流体的密度，$\mathrm{kg/m^3}$。

实验5　乙苯脱氢制苯乙烯

【实验目的】

苯乙烯是重要的高分子聚合物单体，广泛用于塑料、橡胶等工业生产中，其制备方法主要是乙苯催化脱氢工艺。

① 了解以乙苯为原料，氧化铁系为催化剂，在固定床单管反应器中制备苯乙烯的过程。

② 学会稳定工艺操作条件的方法。

③ 掌握气相色谱分析方法。

【实验原理】

（1）本实验的主副反应

主反应：

（苯环）—CH_2—CH_3 ⟶ （苯环）—CH=CH_2 + H_2　117.8kJ/mol

副反应：

（苯环）—C_2H_5 ⟶ （苯环） + C_2H_4　105kJ/mol

（苯环）—C_2H_5 + H_2 ⟶ （苯环） + C_2H_6　−31.5kJ/mol

（苯环）—C_2H_5 + H_2 ⟶ （苯环）—CH_3 + C_2H_4　−54.4kJ/mol

在水蒸气存在下，还可能发生下列反应：

（苯环）—C_2H_5 + 2H_2O ⟶ （苯环）—CH_3 + CO_2 + 3H_2

此外，还有芳烃脱氢缩合及苯乙烯聚合生成焦油和焦等。这些连串副反应的发生不仅使反应的选择性下降，而且极易使催化剂表面结焦进而活性下降。

（2）影响本反应的因素

① 温度的影响　乙苯脱氢反应为吸热反应，$\Delta H_0 > 0$，从平衡常数与温度的关系式 $\left(\dfrac{\partial \ln K_p}{\partial T}\right) = \dfrac{\Delta H^0}{RT^2}$ 可知，提高温度可增大平衡常数，从而提高脱氢反应的平衡转化率。但是温度过高副反应增加，使苯乙烯选择性下降，能耗增大，设备材质要求增加，故应控制适宜的反应温度。本实验的反应温度为 $540 \sim 600℃$。

② 压力的影响　乙苯脱氢为体积增加的反应，从平衡常数与压力的关系式 $K_p = K_n (P_总/\sum n_i)^{\Delta \gamma}$ 可知，当 $\Delta \gamma > 0$ 时，降低总压 P 总可使 K_n 增大，从而增加了反应的平衡转化率，故降低压力有利于平衡向脱氢方向移动，可通过通入惰性气体或减压达到降低压力的目的。本实验通过加入水使其加热蒸发成水蒸气，从而降低体系中乙苯的分压，以提高平衡转化率。较适宜的水用量为：水∶乙苯＝1.5∶1（体积比）或 8∶1（摩尔比）。

③ 空速的影响　乙苯脱氢反应系统中有平衡副反应和连串副反应，随着接触时间的增

加，副反应也会增加，苯乙烯的选择性可能下降，适宜的空速与催化剂的活性及反应温度有关，本实验乙苯的液空速以 $0.6 \sim 1 h^{-1}$ 为宜。

（3）催化剂

乙苯脱氢制苯乙烯，目前主要采用铁系催化剂，以氧化铁为主，加入钾、钴、铜、锰、钒、锶等元素的氧化物作为助催化剂。可使乙苯的转化率达到 70% 左右，反应选择性 90% 以上。在应用中，催化剂的形状对反应收率影响较大，小粒径、大比表面的催化剂有利于提高反应的选择性。本实验采用氧化铁系催化剂，其组成为：Fe_2O_3-CuO-K_2O_3-CeO_2。

【实验装置及流程】

乙苯脱氢制苯乙烯工艺实验流程图见图 5-10。

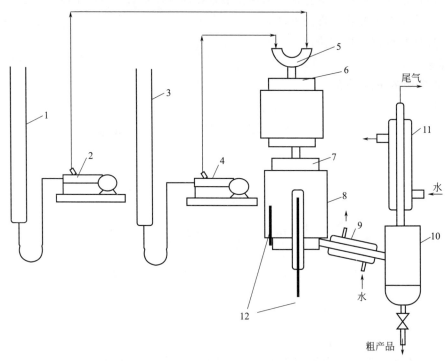

图 5-10　乙苯脱氢制苯乙烯工艺实验流程图

1—乙苯计量管；2,4—蠕动泵；3—水计量管；5—混合器；6—汽化器；

7—反应器；8—电热夹套；9,10—冷凝器；10—分离器；12—温度计

【实验步骤及方法】

（1）反应条件控制

汽化温度 300℃，脱氢反应温度 540～600℃，水：乙苯＝1.5：1（体积比），相当于乙苯加料 0.5mL/min，蒸馏水 0.75mL/min（50mL 催化剂）。

（2）操作步骤

① 了解并熟悉实验装置及流程，搞清物料走向及加料、出料方法。

② 接通电源，使汽化器、反应器分别逐步升温至预定的温度，同时打开冷却水。

③ 分别校正蒸馏水和乙苯的流量（0.75mL/min 和 0.5mL/min）。

④ 当汽化器温度达到 300℃后，反应器温度达 400℃左右开始加入已校正好流量的蒸馏水。当反应温度升至 500℃左右，加入已校正好流量的乙苯，继续升温至 540℃使之稳定半小时。

⑤ 反应开始每隔 10～20min 取一次数据，每个温度至少取两个数据，粗产品从分离器中放入量筒内。然后用分液漏斗分去水层，称出烃层液质量。

⑥ 取少量烃层液样品，用气相色谱（热导）分析其组成，并计算出各组分的百分含量。

⑦ 反应结束后，停止加乙苯。反应温度维持在 500℃ 左右，继续通水蒸气，进行催化剂的清焦再生，约半小时后停止通水，并降温。

（3）实验记录及计算

① 原始记录

时间	预热器温度/℃	反应器温度/℃	水进料速度/(mL/min)	乙苯进料速度/(mL/min)	备注

② 粗产品分析结果

序号	反应温度/℃	苯乙烯含量/%	乙苯含量/%	甲苯含量/%	苯含量/%

③ 计算结果

乙苯的转化率：$\alpha = (RF/FF) \times 100\%$

苯乙烯的选择性：$S = (P/RF) \times 100\%$

苯乙烯的收率：$Y = \alpha S \times 100\%$

序号	原料加入量/mL		产物质量/g			备注
	水	乙苯	油层	水层	合计	

【结果及讨论】

对以上的实验数据进行处理，分别将转化率、选择性及收率对反应温度作出图表，找出最适宜的反应温度区域，并对所得实验结果进行讨论（包括曲线图趋势的合理性，误差分析，成败原因等）。

【思考题】

① 乙苯脱氢生成苯乙烯反应是吸热还是放热反应？如何判断？如果是吸热反应，则反应温度为多少？实验室是如何来实现的？工业上又是如何来实现的？

② 对本反应而言是体积增大还是减小？加压有利还是减压有利？工业上是如何来实现加减压操作的？本实验采用什么方法？为什么加入水蒸气可以降低烃分压？

③ 在本实验中你认为有哪几种液体产物生成？哪几种气体产物生成？如何分析？

④ 进行反应物料衡算，需要一些什么数据？如何搜集并进行处理？

【主要符号说明】

$\Delta H_{298}^{\ominus}$——298K 下标准热焓，kJ/mol；

K_p，K_n——平衡常数；

n_i——i 组分的物质的量（摩尔）；

$P_{总}$——压力，Pa；

R——气体常数；

T——温度，K；

$\Delta\gamma$——反应前后物质的量（摩尔）变化；

α——原料的转化率，％；

S——目的产物选择性，％；

Y——目的产物收率，％；

RF——消耗的原料量，g；

FF——原料的加入量，g。

实验6　催化反应精馏法制甲缩醛

甲缩醛又称二甲氧基甲烷（DMM），是一种无色、无毒，对环境友好的化工原料。因其良好的理化性能，具有非常广泛的应用前景。甲缩醛具有良好的去油污能力和挥发性，可以作为清洁剂来替代 F11、F13 及含氯溶剂，是替代氟里昂、减少挥发性有机物（VOCSs）排放、降低大气污染的全新的环保型产品。甲缩醛本身是一种含氧燃料，作为柴油添加剂使用时，可以明显减少柴油机有害物的排放；甲醇汽油中加入一定量的甲缩醛可改善其低温启动性能。甲缩醛经氧化可获得浓度高达 70% 的甲醛溶液；而传统的甲醇氧化法得到甲醛的浓度只能达到 55%，高浓度的甲醛可以用于生产缩醛树脂。

反应精馏法是集反应与分离为一体的一种特殊精馏技术，该技术将反应过程的工艺特点与分离设备的工程特性有机结合在一起，既能利用精馏的分离作用提高反应的平衡转化率，抑制串联副反应的发生，又能利用放热反应的热效应降低精馏的能耗，强化传质。因此，在化工生产中得到越来越广泛的应用。

【实验目的】

① 了解反应精馏工艺过程的特点，增强工艺与工程相结合的观念。

② 掌握反应精馏装置的操作控制方法，学会通过观察反应精馏塔内的温度分布，判断浓度的变化趋势，采取正确调控手段。

③ 会用正交设计的方法，设计合理的实验方案，进行工艺条件的优选。

④ 获得反应精馏法制备甲缩醛的最优工艺条件，明确主要影响因素。

【实验原理】

本实验以甲醛与甲醇缩合生产甲缩醛的反应为对象进行反应精馏工艺的研究。合成甲缩醛的反应为：

$$2CH_3OH + CH_2O \longrightarrow C_3H_6O + 2H_2O$$

该反应是在酸催化条件下进行的可逆放热反应，受平衡转化率的限制，若采用传统的先反应后分离的方法，即使以高浓度的甲醛水溶液（38%～40%）为原料，甲醛的转化率也只能达到 60% 左右，大量未反应的稀甲醛不仅给后续的分离造成困难，而且稀甲醛浓缩时产生的甲酸对设备的腐蚀严重。采用反应精馏的方法则可有效地克服平衡转化率这一热力学障碍，因为该反应物系中各组分相对挥发度的大小次序为 $\alpha_{甲缩醛} > \alpha_{甲醇} > \alpha_{甲醛} > \alpha_{水}$，可见，由于产物甲缩醛具有最大的相对挥发度，且沸点最低（42.3℃）可利用精馏的作用可将其不断地从系统中分离出去，促使平衡向生成产物的方向移动，大幅度提高甲醛的平衡转化率，若原料配比控制合理，甚至可达到接近平衡转化率。

此外，采用反应精馏技术还具有如下优点。

① 在合理的工艺及设备条件下，可从塔顶直接获得合格的甲缩醛产品。

② 反应和分离在同一设备中进行，可节省设备费用和操作费用。

③ 反应热直接用于精馏过程，可降低能耗。

④ 由于精馏的提浓作用，对原料甲醛的浓度要求降低，质量百分数为 7%～38% 的甲醛水溶液均可直接使用。

本实验采用连续操作的反应精馏装置，考察原料甲醛的浓度、甲醛与甲醇的配比、催化剂浓度、回流比等因素对塔顶产物甲缩醛的纯度和生成速率的影响，从中优选出最佳的工艺条件。实验中，各因素水平变化的范围是：甲醛溶液浓度（质量百分数）12%～38%，甲醛∶甲醇（摩尔比）为1∶8～1∶2，催化剂质量百分数1%～3%，回流比5～15。由于实验涉及多因子多水平的优选，故采用正交实验设计的方法组织实验，通过数据处理，方差分析，确定主要因素和优化条件。

【实验装置及流程】

实验装置如图5-11所示。

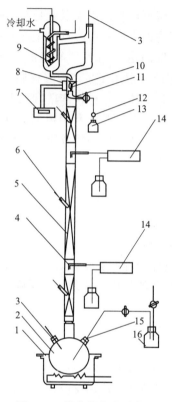

图5-11 催化精馏实验装置

1—电热套；2—塔釜；3—温度计；4—进料口；5—填料；6—温度计；7—时间继电器；
8—电磁铁；9—冷凝器；10—回流摆体；11—计量杯；12—数滴滴球；13—产品槽；
14—计量泵；15—塔釜出料口；16—釜液储瓶

反应精馏塔由玻璃制成。塔径为25mm，塔高约2400mm，共分为三段，由下至上分别为提馏段、反应段、精馏段，塔内填装弹簧状玻璃丝填料。塔釜为1000mL四口烧瓶，置于1000W电热碗中。塔顶采用电磁摆针式回流比控制装置。在塔釜、塔体和塔顶共设了五个测温点。

原料甲醛与催化剂混合后，经计量泵由反应段的顶部加入，甲醇由反应段底部加入。用气相色谱分析塔顶和塔釜产物的组成。

【实验步骤及方法】

(1) 原料准备

① 在甲醛水溶液中加入1%、2%、3%的浓硫酸作为催化剂。

② CP 级或工业甲醇。

（2）操作准备

检查精馏塔进出料系统各管线上的阀门开闭状态是否正常。向塔釜加入 400mL，约 10％的甲醇水溶液。调节计量泵，分别标定原料甲醛和甲醇的进料流量，甲醇的体积流量控制在 4～5mL/min。

（3）实验操作

① 先开启塔顶冷却水。再开启塔釜加热器，加热量要逐步增加，不宜过猛。当塔头有凝液后，全回流操作约 20min。

② 按选定的实验条件，开始进料，同时将回流比控制器拨到给定的数值。进料后，仔细观察并跟踪记录塔内各点的温度变化，测定并记录塔顶与塔釜的出料速度，调节出料量，使系统物料平衡。待塔顶温度稳定后，每隔 15min 取一次塔顶、塔釜样品，分析其组成，共取样 2～3 次。取其平均值作为实验结果。

③ 依正交实验计划表，改变实验条件，重复步骤②，可获得不同条件下的实验结果。

④ 实验完成后，切断进出料，停止加热，待塔顶不再有凝液回流时，关闭冷却水。

注意：本实验按正交表进行，工作量较大，可安排多组学生共同完成。

【实验数据处理】

① 列出实验原始记录表，计算甲缩醛产品的收率。

甲缩醛收率计算式：

$$\eta = \frac{Dx_d + Wx_w}{Fx_f} \times \frac{M_1}{M_0} 100\%$$

② 绘制全塔温度分布图，绘制甲缩醛产品收率和纯度与回流比的关系图。

③ 以甲缩醛产品的收率为实验指标，列出正交实验结果表，运用方差分析确定最佳工艺条件。

【结果及讨论】

① 反应精馏塔内的温度分布有什么特点？随原料甲醛浓度和催化剂浓度的变化，反应段温度如何变化？这个变化说明了什么？

② 根据塔顶产品纯度与回流比的关系，塔内温度分布的特点，讨论反应精馏与普通精馏有何异同。

③ 本实验在制定正交实验计划表时没有考虑各因素间的交互影响，你认为是否合理？若不合理，应该考虑哪些因子间的交互作用？

④ 要提高甲缩醛产品的收率可采取哪些措施？

【思考题】

① 采用反应精馏工艺制备甲缩醛，从哪些方面体现了工艺与工程相结合所带来的优势？

② 是不是所有的可逆反应都可以采用反应精馏工艺来提高平衡转化率？为什么？

③ 在反应精馏塔中，塔内各段的温度分布主要由哪些因素决定？

④ 反应精馏塔操作中，甲醛和甲醇加料位置的确定根据什么原则？为什么催化剂硫酸要与甲醛而不是甲醇一同加入？实验中，甲醛原料的进料体积流量如何确定？

⑤ 若以产品甲缩醛的收率为实验指标，实验中应采集和测定哪些数据？请设计一张实验原始数据记录表。

⑥ 若不考虑甲醛浓度、原料配比、催化剂浓度、回流比这四个因素间的交互作用，请

设计一张三水平的正交实验计划表。

【主要符号说明】

x_d——塔顶馏出液中甲缩醛的质量分率；

x_w——塔釜出料中甲缩醛的质量分率；

x_f——进料中甲醛的质量分率，g/min；

D——塔顶馏出液的质量流率，g/min；

F——进料甲醛水溶液的质量流率，g/min；

W——塔釜出料的质量流率，g/min；

M_1、M_0——甲醛、甲缩醛的分子量；

η——甲缩醛的收率。

实验7 微反应器连续制备超细碳酸钙

【实验目的】

超细材料是化工材料科学领域中的一个新的生长点。由于超细技术能显著地改善固体材料的物理和化学性能，因而使材料的应用领域大大拓展。微反应器是近年来随着微观混合研究而发展起来的一种化学反应器。微反应器是通过微加工和精密加工技术制造的小型反应系统，其内部供流体流动的微通道尺寸从亚微米到亚毫米数量，因此微反应器又称作微通道（Microchannel）反应器或微结构。对比常用的反应器，由于微反应器小而精密的结构特征，它具有高的传热、传质和反应效率，并且安全又便于携带，无传统工业的放大效应。本实验以超细碳酸钙的制备为对象，了解微反应器的原理和特性，微反应器技术在超细化制备中的应用，通过实验达到如下目的。

① 了解微反应器的原理和特性。

② 掌握超细碳酸钙制备的工艺过程及操作控制要点。

③ 了解结晶控制剂在控制结晶成核与生长速度，实现颗粒超细化方面的作用。

【实验原理】

（1）固体颗粒粒径的划分

用颗粒粒径的大小对固体颗粒进行划分，可将颗粒划分为粉体、广义超细颗粒与分子、原子三类，其中广义超细颗粒包括超细、亚微与微细颗粒，其粒径范围分布见图 5-12。

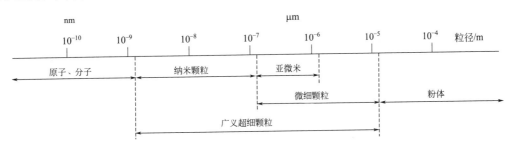

图 5-12 颗粒粒径的划分

广义超细碳酸钙是指粒径在 $10\mu m$ 以下的精细产品，该产品根据制备工艺条件的不同，可呈不同晶体形态，如立方形、球形、针形、链状、无定形等。由于其表面积大（约为30～80m^2/g），在各种制品中具有良好的分散性和补强作用，因而作为填充剂被广泛用于塑料、橡胶、造纸、涂料、油墨、医药等行业。

（2）实验总反应方程式

本实验采用氯化钙与碳酸氢铵进行液相反应制得符合要求的多孔性超细碳酸钙，实验总反应方程式如下：

$$CaCl_2(l) + 2NH_4HCO_3(l) \Longrightarrow CaCO_3(s) + 2NH_4Cl(g) + H_2O(l) + CO_2(g)$$

其反应的机理可以分为下列过程：

$$CaCl_2(l) \Longrightarrow Ca^{2+} + 2Cl^-$$

$$2NH_4HCO_3 \Longrightarrow 2NH_4^+ + 2HCO_3^-$$

$$HCO_3^- \Longrightarrow H^+ + CO_3^{2-}$$

$$H^+ + HCO_3^- \Longrightarrow H_2O + CO_2$$

$$Ca^{2+} + CO_3^{2-} \Longrightarrow CaCO_3(s)$$

$$NH_4^+ + Cl^- \Longrightarrow NH_4Cl(s)$$

(3) 碳酸钙结晶机理

根据 Becker Döring 理论，形成半径为 R（或 i）的共格结晶颗粒，总的自由能变化为：

$$\Delta F(R) = (\Delta f_{ch} + \Delta f_{el}) \frac{4\pi}{3} R^3 + 4\pi R^2 \sigma_{\alpha\beta} \tag{1}$$

式中，$\Delta f_{ch} + \Delta f_{el}$ 是单位体积的驱动力，其中 Δf_{ch} 为化学自由能，Δf_{el} 为系统弹性应变能；$\sigma_{\alpha\beta}$ 为比界面能。

颗粒形成能在 $R \equiv R^*$ 时或 $i \equiv i^*$ 达到最大值，此时

$$R^* = \frac{2\sigma_{\alpha\beta}}{-(\Delta f_{ch} + \Delta f_{el})} \tag{2}$$

此时，

$$\Delta F(R^*) \equiv \Delta F^* = (\Delta f_{ch} + \Delta f_{el}) \frac{4\pi}{3} (R^*)^3 + 4\pi (R^*)^2 \sigma_{\alpha\beta}$$

将式（2）代入，得：$\quad \Delta F(R^*) = \frac{16}{3}\pi \frac{\sigma_{\alpha\beta}^3}{(\Delta f_{ch} + \Delta f_{el})^2}$

根据 Becker Döring 理论，静态成核速率可写为：

$$J_{B-D}^S = Z\beta^* N_0 \exp(-\Delta F^*/kT)$$

式中，$Z = \left[\frac{-1}{2\pi kT} \frac{\partial \Delta F}{\partial i^2} \Big|_{i=i^*} \right]^{1/2}$；$\beta^*$ = 单一溶质原子撞击一临界颗粒的速率。

要提高成核速率，应降低成核势垒 ΔF^*。

Yasushi Kotadi 和 Hideki Tsuge 的研究表明：溶液中溶质 $CaCO_3$ 涨落成核首先要克服成核势垒 ΔF^*，而 ΔF^* 与溶质的过饱和度、反应体系的温度、结晶控制剂种类等因素有关。

【超细碳酸钙制备的影响因素】

(1) 反应时间的影响

在液-液反应制备超细碳酸钙的过程中，最终产品 $CaCO_3$ 是以结晶的方式生成粒子的，如果在结晶的过程中增大 $CaCO_3$ 生成新核的速率，并抑制 $CaCO_3$ 在结晶颗粒上的进一步长大，则获得的 $CaCO_3$ 结晶粒径小，反之则粒径大。因此，调节反应停留时间，对 $CaCO_3$ 结晶体粒径的大小，具有一定的影响。

(2) 过饱和度的影响

溶质过饱和度是上述三种因素中最敏感的一个影响因数，反应体系温度和结晶控制剂在一定程度上是通过改变过饱和度而起作用的。溶液中 $CaCO_3$ 的过饱和度取决于 $CaCO_3$ 的生成速率，$CaCO_3$ 的生成速率越大，过饱和度也就越大，越容易克服成核势垒 ΔF^* 形成晶核，也越有利于得到小颗粒的 $CaCO_3$ 结晶。对本实验来讲，要求尽可能提高液相中 $CaCO_3$ 的生成速率，以获得颗粒细小的 $CaCO_3$ 结晶。

(3) 反应温度的影响

温度越低，过饱和度越高，这有利于提高成核速率；但温度降低，会同时降低晶核的生

成速率和生长速率；温度过低，溶质分子化学自由能低，跨越 ΔF^* 就越难。显然，温度的影响有正负效应，必存在一个最优点。研究表明，由于晶核生成速率最大时的温度比晶核生长最快时的温度低得多，温度低时有利于形成小颗粒结晶。一般来说，温度控制在 40℃ 以下可生成超细 $CaCO_3$ 结晶。

（4）结晶控制剂的影响

在反应过程中加入一定量的结晶控制剂，不仅可以调节颗粒粒径的大小，还可决定颗粒的形貌，其作用是通过置换或覆盖颗粒的活性表面、改变颗粒的表面能来实现的。从热力学角度分析，由于小颗粒极大的比表面积，生成新晶核的过程实际上是一个固体表面积激增、系统自由能升高的过程。为了降低系统的能量，晶核就会快速生长成大颗粒，甚至凝聚而形成团聚颗粒。若在合成 $CaCO_3$ 的过程中加入结晶控制剂，吸附于已生成晶核的表面，一方面阻隔了溶质 $CaCO_3$ 在晶核表面的进一步生长，另一方面由于降低了晶核的表面能，避免了颗粒间的相互凝聚。而且，林荣毅等研究表明：结晶控制剂的加入还可以提高过饱和度，有利于生成小颗粒。由此可见，结晶控制剂对粒径的控制有非常重要的作用。

在结晶控制剂调节颗粒形貌的过程中，不同的控制剂在晶核表面的吸附位置不同，可控制在不同的颗粒表面使结晶颗粒进一步长大，由此可以获得不同形貌的 $CaCO_3$ 结晶，如采用 SO_4^{2-} 作为结晶控制剂，可获得了多孔性球形超细 $CaCO_3$。

结晶控制剂的加入量也有重要影响。控制剂的加入量必须达到能覆盖一定数量的晶核表面，否则，未被覆盖的粒子仍会快速长大或凝聚而形成大颗粒，并使粒径分布不均；但控制剂加入过多会限制晶核的生长，使体系只有晶核生成而无晶核生长，虽然制备的一次粒径可能很小，但在之后的包覆、干燥等过程中，容易产生二次团聚，也会影响产品的性能。所以，结晶控制剂的加入数量应根据不同的反应体系及产品的不同要求而定。

结晶控制剂的加入时间及加入方式也会影响产品的性能，在实际制备过程中往往根据反应体系及工艺条件来决定结晶控制剂的加入时间及加入方式。

通过控制剂的加入，调节晶核生成与生长的速率比，可以得到所需的 $CaCO_3$ 颗粒。

【实验装置及流程】

液-液反应制超细碳酸钙，反应原料采用可溶性钙盐与可溶性碳酸盐，通过液相中的复分解反应，制得碳酸钙产品。此工艺选料灵活，操作方便。其工艺流程和制备装置见图 5-13 和图 5-14。

【实验步骤及方法】

（1）实验内容

在 1000mL 碳酸钙的原料液中，分别添加 0.002mol/L H_2SO_4 及 0.004mol/L $MgCl_2$ 作为结晶控制剂，观测和比较产品 $CaCO_3$ 粒子的粒径和形貌的变化。

（2）实验步骤

① 将化学计量的 $CaCl_2$ 和 NH_4HCO_3 配制成等体积的水溶液，加入规定量的结晶控制剂，用计量泵分别输送入微反应器，以相同的流量进行对撞反应。

② 将反应液经过滤脱除水分后，在烘箱中于 110～120℃ 下烘干，干燥后的碳酸钙即为产品。

③ 碳酸钙产品的检验

$CaCO_3$ 含量测定：用过量标准盐酸溶解试料，以甲基红-溴甲酚绿混合液为指示剂，用标准氢氧化钠反滴过量盐酸，据此求出 $CaCO_3$ 含量。

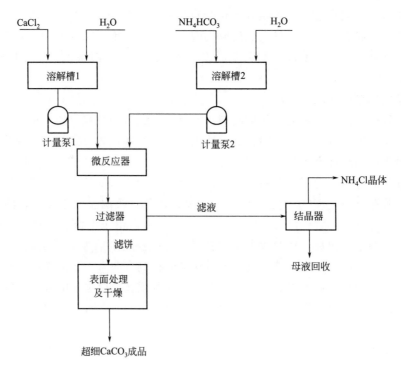

图 5-13　超细碳酸钙制备工艺流程

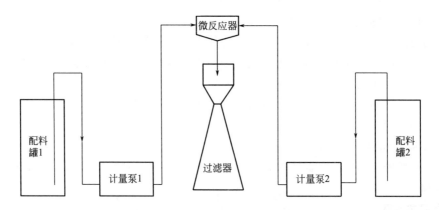

图 5-14　超细碳酸钙制备装置

$CaCO_3$ pH 值测定：取试料 1g 溶于 10mL 蒸馏水中，搅拌、静置 10min 后，用 pH 计测定。

晶体形貌和粒径的测定：用电子显微镜测形貌；用粒度分布仪测粒度分布。

【数据处理】

① 列出实验数据记录表，记录反应温度、反应液流量、反应液浓度、结晶控制剂种类及浓度、产品的质量等原始记录。

② 列出碳酸钙产品的检测结果。比较添加不同的结晶控制剂后，观测到的产品粒径、粒径分布与晶体形貌。

【结果与讨论】

① 本实验选用的两种结晶控制剂，哪一种对碳酸钙粒子的超细化作用更显著？试分析

其原因。

　② 测定产品沉降体积的大小，可以比较产品的哪些特征。

【思考题】

　① 制备碳酸钙的工艺过程主要有哪些？

　② 结晶颗粒形貌受哪些因素的影响？

　③ 结晶控制剂控制碳酸钙结晶形貌的原理是什么？

　④ 如何在制备过程中控制反应终点？

实验8 管式循环反应器停留时间分布的测定

【实验目的】

① 了解连续均相管式循环反应器的返混特性。

② 分析观察连续均相管式循环反应器的流动特征。

③ 研究不同循环比下的返混程度，计算模型参数 n。

【实验原理】

在工业生产上，某些反应为了控制反应物的合适浓度，以便控制温度、转化率和收率，不仅需要使物料在反应器内有足够的停留时间，并具有一定的线速度，而且将反应物的一部分物料返回到反应器进口，使其与新鲜的物料混合再进入反应器进行反应。在连续流动的反应器内，不同停留时间的物料之间的混合称为返混。对于这种反应器循环与返混之间的关系，需要通过实验来测定。

在连续均相管式循环反应器中，若循环流量等于零，则反应器的返混程度与平推流反应器相近，只有管内流体的速度分布和扩散，会造成较小的返混。若有循环操作，则反应器出口的流体被强制返回反应器入口，也就是返混。返混程度的大小与循环流量有关，通常定义循环比 R 为：

$$R = 循环物料的体积流量/离开反应器物料的体积流量$$

循环比 R 是连续均相管式循环反应器的重要特征，可自零变至无穷大。

当 $R = 0$ 时，相当于平推流管式反应器。

当 $R = \infty$ 时，相当于全混流反应器。

因此，对于连续均相管式循环反应器，可以通过调节循环比 R，得到不同返混程度的反应系统。一般情况下，循环比大于 20 时，系统的返混特性已经非常接近全混流反应器。

返混程度的大小，一般很难直接测定，通常是利用物料停留时间分布的测定来研究。通过测定不同状态下反应器内停留时间分布，我们可以发现，相同的停留时间分布可以有不同的返混情况，即返混与停留时间分布不存在一一对应的关系，因此不能用停留时间分布的实验测定数据直接表示返混程度，而要借助于反应器数学模型来间接表达。

停留时间分布的测定方法有脉冲法、阶跃法等，常用的是脉冲法。当系统达到稳定后，在系统的入口处瞬间注入一定量 Q 的示踪物料，同时开始在出口流体中检测示踪物料的浓度变化。

由停留时间分布密度函数的物理含义，可知

$$f(t)dt = VC(t)dt/Q$$

$$Q = \int_0^\infty VC(t)dt$$

所以

$$f(t) = \frac{VC(t)}{\int_0^\infty VC(t)dt} = \frac{C(t)}{\int_0^\infty C(t)dt}$$

由此可见，$f(t)$ 与示踪剂浓度 $C(t)$ 成正比。因此，本实验中用水作为连续流动的物料，以饱和 KCl 作示踪剂，在反应器出口处检测溶液电导值。在一定范围内，KCl 浓度与电导值成正比，则可用电导值来表达物料的停留时间变化关系，即 $f(t) \propto L(t)$，这里 $L(t) = L_t - L_\infty$，L_t 为 t 时刻的电导值，L_∞ 为无示踪剂时电导值。

由实验测定的停留时间分布密度函数 $f(t)$，有两个重要的特征值，即平均停留时间 $\bar{t}$ 和方差 σ_t^2，可由实验数据计算得到。若用离散形势表达，并取相同时间间隔 Δt，则：

$$\bar{t} = \frac{\sum t C(t) \Delta t}{\sum C(t) \Delta t} = \frac{\sum t L(t)}{\sum L(t)}$$

$$\sigma_t^2 = \frac{\sum t^2 C(t)}{\sum C(t)} = \frac{\sum t^2 L(t)}{\sum L(t)} - t^{-2}$$

若用无量纲对比时间 θ 来表示，即 $\theta = t/\bar{t}$，

无量纲方差 $\sigma_\theta^2 = \sigma_t^2 / t^{-2}$。

在测定了一个系统的停留时间分布后，如何来评介其返混程度，则需要用反应器模型来描述，这里我们采用的是多釜串联模型。

所谓多釜串联模型是将一个实际反应器中的返混情况等效于若干个全混釜串联时的返混程度。这里的若干个全混釜个数 n 是虚拟值，并不代表反应器个数，n 称为模型参数。多釜串联模型假定每个反应器为全混釜。反应器之间无返混，每个全混釜体积相同，则可以推导得到多釜串联反应器的停留时间分布函数关系，并得到无因次方差 σ_θ^2 与模型参数 n 存在关系为：

$$n = \frac{1}{\sigma_\theta^2}$$

【实验内容和要求】

（1）实验内容

用脉冲示踪法测定循环反应器停留时间分布；改变循环比，确定不同循环比下的系统返混程度；观察循环反应器的流动特征。

（2）实验要求

控制系统的进口流量 15L/h，采用不同循环比，$R = 0$，3，5，通过测定停留时间的方法，借助多釜串联模型度量不同循环比下系统的返混程度。

【实验装置及实验材料】

（1）实验装置

实验装置见图 5-15，由管式反应器和循环系统组成。循环泵开关在仪表屏上控制，流量由循环管阀门控制，流量直接显示在流量计上，单位是 L/h。实验时，进水从进水阀 1 通过进水流量计 2 流入系统；根据进水流量计 2 的流量调节阀门 1，使流量计 2 稳定在设定数值后，在系统的入口处（反应管下部进样口）由注射器 3 快速注入示踪剂（0.5～1mL），由系统出口处电导电极 5 检测示踪剂浓度变化，并显示在电导仪 6 上，并可由记录仪记录。由循环泵 8 和循环流量计 10 及循环管路控制阀 9 控制循环物料的流量。

电导仪输出的毫伏信号经电缆进入 A/D 卡，A/D 卡将模拟信号转换成数字信号，由计算机集中采集、显示并记录，实验结束后，计算机可将实验数据及计算结果储存或打印出来。

（2）实验材料

① 药品　饱和氯化钾溶液。

② 实验器具　500mL 烧杯两只；5mL 针筒两支，备用两支；$7^{\#}$ 针头两个，备用两个。

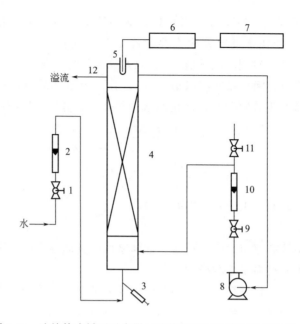

图 5-15　连续管式循环反应器反混状况测定实验装置示意图

1—进水阀；2—进水流量计；3—注射器；4—填料塔；5—电极；6—电导仪；

7—数据处理系统；8—循环泵；9—循环管路控制阀；10—循环液流量计；11—放空阀；12—溢流口

【实验步骤】

① 配置饱和氯化钾水溶液，并检查针头和注射器。

② 打开进水阀门，调节进水及循环水流量；开启电导仪电源；打开电脑，双击《单管测定 . EXE》文件。

③ 控制系统的进口流量 15L/h，调节循环水流量，待流量稳定后方可注入示踪剂，整个操作过程中注意控制流量；示踪剂要求一次迅速注入；若遇针头堵塞，不可强行推入，应拔出并清洗后重新操作；注入示踪剂要小于 1mL。

④ 注射完示踪剂后应尽快拔出，并用自来水清洗注射器，然后拔下针头，放入盛有自来水的烧杯中。

⑤ 实验循环比做三个，$R = 0$，3，5。

【实验数据处理】

① 选择一组实验数据，用离散方法计算平均停留时间、方差，从而计算无因次方差和模型参数，要求写清计算步骤。

② 与计算机计算结果比较，分析偏差原因。

③ 列出数据处理结果表。

④ 讨论实验结果。

【思考题】

① 何谓循环比？循环反应器的特征是什么？

② 计算出不同条件下系统的平均停留时间，分析偏差原因。

③ 计算模型参数 n，讨论不同条件下系统的返混程度大小。

④ 讨论一下如何限制返混或加大返混程度。

实验9　二元系统汽液平衡数据的测定

在化学工业中，蒸馏、吸收过程的工艺和设备设计都需要准确的汽液平衡数据，此数据对提供最佳化的操作条件，减少能源消耗和降低成本等，都具有重要的意义。尽管有许多体系的平衡数据可以从资料中找到，但这往往是特定温度和压力下的数据。随着科学的迅速发展，以及新产品、新工艺的开发，许多物系的平衡数据还未经前人测定过，这都需要通过实验测定以满足工程计算的需要。此外，在溶液理论研究中提出了各种各样描述溶液内部分子间相互作用的模型，准确的平衡数据还是对这些模型的可靠性进行检验的重要依据。

【实验目的】

① 掌握用双循环汽液平衡器测定二元汽液平衡数据的方法。

② 了解缔合系统汽液平衡数据的关联方法，从实验测得的 T-p-x-y 数据，计算各组分的活度系数。

③ 学会二元汽液平衡相图的绘制。

④ 掌握化学滴定法分析二相组成的方法。

【实验原理】

以循环法测定汽液平衡数据的平衡器类型很多，但基本原理一致，如图 5-16 所示。当体系达到平衡时，a、b 容器中的组成不随时间而变化，这时从 a 和 b 两容器中取样分析，可得到一组汽液平衡实验数据。

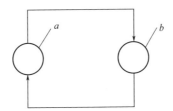

图 5-16　循环法测定汽液平衡数据的基本原理示意图

【实验装置及流程】

本实验采用改进的 Ellis 汽液两相双循环型蒸馏器，其结构如图 5-17 所示。

改进的 Ellis 蒸馏器测定汽液平衡数据较准确，操作也较简便，但仅适用于液相和气相冷凝液都是均相的系统。温度测量用分度为 0.1℃水银温度计。

在本实验装置的平衡釜加热部分的下方，有一个磁力搅拌器，电加热时用以搅拌液体。在平衡釜蛇管处的外层与气相温度计插入部分的外层设有上下两部分电热丝保温。另还有一个电子控制装置，用以调节加热电压及上下两组电热丝保温的加热电压。

分析测试汽液相组成时，用化学滴定法。每一实验组配有 2 个取样瓶，2 个 1mL 的针筒及配套的针头，配有 1 个碱式滴定管及 1 架分析天平。实验室中有大气压力测定仪。

【实验步骤及方法】

① 加料　从加料口加入配制好的醋酸-水二元溶液。

② 加热　接通加热电源，调节加热电压约在 150～200V，开启磁力搅拌器，调节合适

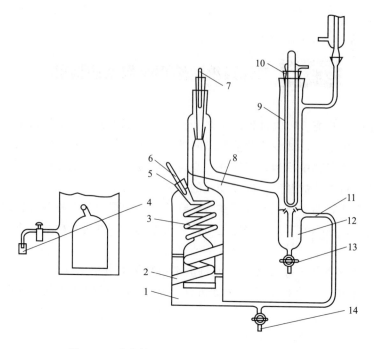

图 5-17 改进的 Ellis 汽液两相双循环型蒸馏器

1—蒸馏釜；2—加热夹套内插电热丝；3—蛇管；4—液体取样口；5—进料口；

6—测定平衡温度的温度计；7—测定气相温度的温度计；8—蒸汽导管；9,10—冷凝器；

11—气体冷凝液回路；12—凝液储器；13—气相凝液取样口；14—放料口

的搅拌速度。缓慢升温加热至釜液沸腾时，分别接通上、下保温电源，其电压调节在 $10\sim15\mathrm{V}$。

③ 温控 溶液沸腾，气相冷凝液出现，直到冷凝回流。起初，平衡温度计读数不断变化，调节加热量，使冷凝液控制在每分钟 60 滴左右。调节上下保温的热量，最终使平衡温度逐趋稳定，气相温度控制在比平衡温度高 $0.5\sim1℃$。保温的目的在于防止气相部分冷凝。平衡的主要标志由平衡温度的稳定加以判断。

④ 取样 整个实验过程中必须注意蒸馏速度、平衡温度和气相温度的数值，不断加以调整，经 $0.5\sim1\mathrm{h}$ 稳定后，记录平衡温度及气相温度读数。读取大气压力计的大气压力。迅速取约 8mL 的气相冷凝液及液相于干燥、洁净的取样瓶中。

⑤ 分析 用化学分析法分析气、液两相组成，每一组分析两次，分析误差应小于 0.5%，得到 $W_{\mathrm{HAc气}}$ 及 $W_{\mathrm{HAc液}}$ 两相质量百分组成。

⑥ 实验结束后，先把加热及保温电压逐步降低到零，切断电源，待釜内温度降至室温，关冷却水，整理实验仪器及实验台。

【实验数据处理】

① 平衡温度校正 测定实际温度与读数温度的校正：

$$t_{实际}=t_{观}+0.00016N(t_{观}-t_{室})$$

式中，$t_{观}$ 为温度计指示值；$t_{室}$ 为室温；N 为温度计暴露出部分的读数。

平衡温度的沸点校正：

$$t_P=t_{实际}+0.000125(t+273.15)(760-P_a)$$

式中，t_P 为换算到标准大气压（0.1MPa）下的沸点；P_a 为实验时大气压力（换算为 mmHg）。

② 将 t_P，$W_{HAc气}$，$W_{HAc液}$ 输入计算机，计算表中参数。

计算结果列下表

P_A^0	n_B^0	n_{A1}^0	n_{A1}	n_{A2}	n_B	γ_A	γ_B

③ 在二元汽液平衡相图中，将本实验附录中给出的醋酸-水二元系的汽液平衡数据作成光滑的曲线，并将本次实验的数据标绘在相图上。

【结果及讨论】

① 计算实验数据的误差，分析误差的来源。

② 为何液相中 HAc 的浓度大于气相？

③ 若改变实验压力，汽液平衡相图将作如何变化，试用简图表明。

④ 用本实验装置，设计做出本系统汽液平衡相图操作步骤。

【思考题】

① 为什么即使在常低压下，醋酸蒸气也不能当作理想气体看待？

② 本实验中气液两相达到平衡的判据是什么？

③ 设计用 0.1mol/L NaOH 标准液测定气液两相组成的分析步骤、并推导平衡组成计算式。

④ 如何计算醋酸-水二元系的活度系数？

⑤ 为什么要对平衡温度作压力校正？

⑥ 本实验装置如何防止汽液平衡釜闪蒸、精馏现象发生？如何防止暴沸现象发生？

【主要符号说明】

n——组分的摩尔分数；

P——压力；

P_0——饱和蒸汽压；

t——摄氏温度；

x——液相摩尔分数；

y——气相摩尔分数；

γ——活度系数。

下标：

A_1、A_2——混合平衡气相中单分子和双分子醋酸；

A、B——分别表示醋酸与水。

【酸-水二元系汽液平衡数据的关联方法】

在处理含有醋酸-水的二元汽液平衡问题时，若忽略了气相缔合计算活度，关联往往失败，此时活度系数接近于 1，恰似一个理想的体系，但它却不能满足热力学一致性。如果考虑在醋酸的气相中有单分子、两分子和三分子的缔合体共存，而液相中仅考虑单分子体的存在，在此基础上用缔合平衡常数对表观蒸气组成的蒸气压修正后，计算出液相的活度系数就能符合热力学一致性，并且能将实验数据进行关联。

为了便于计算，我们介绍一种简化的计算方法。

首先，考虑纯醋酸的气相缔合。认为醋酸在气相部分发生二聚而忽略三聚。因此，气相中实际上是单分子体与二聚体共存，它们之间有一个反应平衡关系，即

$$2HAc \rightleftharpoons (HAc)_2$$

缔合平衡常数：

$$K_2 = \frac{P_2}{P_1^2} = \frac{\eta_2}{P\eta_1^2}$$

　　式中，η_1、η_2 为气相醋酸的单分子体和二聚体的真正摩尔分数。由于液相不存在二聚体，所以气体的压力是单体和二聚体的总压。而醋酸的逸度则是指单分子的逸度，气相中单体的摩尔分数为 η_1，因而醋酸逸度是校正压力和单体摩尔分数的乘积，应为：

$$f_A = P\eta_1$$

η_1 与 n_1、n_2 的关系如下：

$$\eta_1 = \frac{n_1}{(n_1 + n_2)}$$

　　现在考虑醋酸-水的二元溶液，不计入水与醋酸的交叉缔合，则气相就有三个组成：HAc、$(HAc)_2$、H_2O，所以：

$$\eta_1 = n_1 / (n_1 + n_2 + n_{H_2O})$$

气相的表观组成和真实组成之间有下列关系：

$$y_A = \frac{(n_1 + 2n_2)/n_总}{(n_1 + 2n_2 + n_{H_2O})/n_总} = \frac{n_1 + 2n_2}{n_1 + 2n_2 + n_{H_2O}}$$

将 $n_1 + n_2 + n_{H_2O} = 1$ 的关系式代入上式，得：

$$y_A = \frac{\eta_1 + 2\eta_2}{1 + \eta_2}$$

经整理后得：

$$K_2 P\eta_1^2 (2 - y_A) + \eta_1 - y_A = 0$$

用一元二次方程解法求出 η_1，便可求得 η_2 和 η_{H_2O}

$$\eta_2 = K_2 P\eta_1^2$$

$$\eta_{H_2O} = 1 - (\eta_1 + \eta_2)$$

醋酸的缔合平衡常数与温度 T 的关系如下：

$$\lg K_2 = -10.4205 + 3166/T$$

由组分逸度的定义得：

$$\hat{f}_A = P y_A \hat{\Phi}_A = P\eta_1$$

$$\hat{\Phi}_A = \eta_1 / y_A$$

$$\hat{\Phi}_{H_2O} = \eta_{H_2O} / y_{H_2O}$$

　　对于纯醋酸，$y_A = 1$，$\Phi_A^0 = \eta_1^0$，因低压下的水蒸气可视作理想气体，故 $\Phi_{H_2O}^0 = 1$，其中 η_1^0 可根据纯物质的缔合平衡关系求出：

$$K_2 = \eta_2^0 / P(\eta_1^0)^2$$

$$\eta_1^0 + \eta_2^0 = 1$$

$$K_2 P_A^0 (\eta_1^0)^2 + \eta_1^0 - 1 = 0$$

解一元二次方程可得 η_1^0。

利用汽液平衡时组分在气液两相的逸度相等的原理，可求出活度系数 γ_i

$$P\eta_i = P_i^0 \eta_i^0 x_i \gamma_i$$

$$\gamma_{HAc} = P\eta_1 / P_{HAc}^0 \eta_1^0 x_{HAc}$$

即

$$\gamma_{H_2O} = P\eta_{H_2O} / P_{H_2O}^0 x_{H_2O}$$

式中，饱和蒸汽压 P_{HAc}^0，$P_{H_2O}^0$ 可由下面二式得：

$$\lg P_{HAc}^0 = 7.1881 - \frac{1416.7}{t+211}$$

$$\lg P_{H_2O}^0 = 7.9187 - \frac{1636.909}{t+224.92}$$

醋酸-水二元系汽液平衡数据的关系见表 5-5。

表 5-5　醋酸-水二元系汽液平衡数据的关系

No.	$t/℃$	x_{HAc}	y_{HAc}	No.	$t/℃$	x_{HAc}	y_{HAc}	No.	$t/℃$	x_{HAc}	y_{HAc}
1	118.1	1.00	1.00	5	107.4	0.70	0.547	9	102.2	0.30	0.199
2	115.2	0.95	0.90	6	105.7	0.60	0.452	10	101.4	0.20	0.16
3	113.1	0.90	0.812	7	104.3	0.50	0.356	11	100.3	0.05	0.037
4	109.7	0.80	0.664	8	103.2	0.40	0.274	12	100.0	0	0

实验10 海盐精制

【实验目的】

盐是化工之母，是三酸二碱的基础原料；盐又是人类不可缺少和替代的生活用品。我国是世界上的第一产盐大国，也是食用盐大国。

食盐，化学名氯化钠，化学式 NaCl，为白色、立方结晶体，易溶于水、甘油，微溶于乙醇，相对分子质量 58.44。物理性质：密度 2.165g/cm³（25℃），熔点 800.7℃，沸点 1413℃。

海盐的原料是海水和沿海地下卤水，其中含有较多的钙镁离子等杂质。本实验以海盐为原料，初步探讨海盐精制技术，以达到如下目的。

① 掌握海盐精制工艺过程及操作控制要点。

② 了解高纯度食盐的抗结块机理，制备出颗粒均匀、纯度高、可食用的精制盐产品。

③ 掌握精制食用盐的实验室鉴定方法。

【实验原理】

（1）卤水净化

海盐精制的关键工序是卤水净化，主要是除去 Ca^{2+}、Mg^{2+} 和 SO_4^{2-}。现除了用石灰纯碱法、烧碱纯碱法除 Ca^{2+}、Mg^{2+} 外，还采用戈尔膜过滤技术、冷冻提硝技术除 SO_4^{2-}。

卤水净化工艺主要有以下四种：两碱净化法、石灰-纯碱法、石灰-二氧化碳法和石灰-烟道气法。其中石灰-烟道气净化工艺正处在研发应用阶段，有很好的发展前景，其最大的优点是采用排放的废气作卤水净化原料，在净化卤水的同时，降低了二氧化碳的环境污染。

① 两碱法卤水净化工艺

$$MgSO_4 + 2NaOH \Longrightarrow Mg(OH)_2 \downarrow + Na_2SO_4$$
$$CaSO_4 + Na_2CO_3 \Longrightarrow CaCO_3 \downarrow + Na_2SO_4$$

② 石灰-纯碱法

$$CaO + H_2O \Longrightarrow Ca(OH)_2$$
$$MgSO_4 + Ca(OH)_2 \Longrightarrow Mg(OH)_2 \downarrow + CaSO_4$$
$$CaSO_4 + Na_2CO_3 \Longrightarrow CaCO_3 \downarrow + Na_2SO_4$$

③ 石灰-二氧化碳法

第一步：

$$CaO + H_2O \Longrightarrow Ca(OH)_2$$
$$MgSO_4 + Ca(OH)_2 \Longrightarrow Mg(OH)_2 \downarrow + CaSO_4$$
$$NaSO_4 + Ca(OH)_2 \Longrightarrow 2NaOH \downarrow + CaSO_4$$

第二步：

$$2NaOH + CO_2 \Longrightarrow Na_2CO_3 + H_2O$$
$$CaSO_4 + Na_2CO_3 \Longrightarrow CaCO_3 \downarrow + Na_2SO_4$$

④ 石灰-烟道气法　原理与石灰-二氧化碳法相同，其工艺流程为：原料卤水澄清后，溢流进入一级反应桶，向反应桶中加入精卤乳化的石灰水，反应沉降，澄清液泵入二级反应桶，向其中通入净化后的烟道气，经充分反应沉降，调节 pH 值合格后泵入精卤桶，以供盐硝联产蒸发用。一、二级反应桶底部沉积的钙镁泥浆排入泥浆桶，制成肥料或作它用。具体流程见图 5-18。

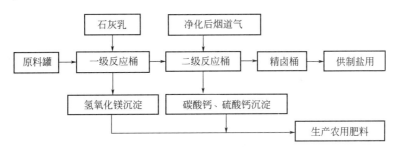

图 5-18　石灰-烟道气法卤水净化工艺流程

（2）盐的抗结块

从盐结块的机理分析可知，防止精制盐结块可以有两种方法。

① 仅从盐本身的"五度"特性着手解决盐的结块问题。

盐的"五度"是指盐的纯度、粒度、白度、湿度、温度。

纯度，即食盐中 NaCl 的含量。含量越高，即食盐越纯，越不容易结块。像医药用盐，其纯度达 99.6％以上，则结块很少。纯度越低，说明食盐中杂质多，则易结块。食盐中的主要杂质为氯化钙、氯化镁、硫酸钙和硫酸镁，其中氯化钙、氯化镁、硫酸镁都极易吸潮形成多水化合物，如 $CaCl_2 \cdot 2H_2O$、$CaCl_2 \cdot 4H_2O$、$CaCl_2 \cdot 6H_2O$、$MgCl_2 \cdot 6H_2O$、$MgSO_4 \cdot 7H_2O$，盐中含有此类杂质，则必然会吸收空气中的水分，使盐吸潮而结块。

粒度，即食盐氯化钠晶体的颗粒大小。食用盐国家标准 GB 5461—2016 中明确食盐的粒度要求。盐的粒径越大，盐晶体的表面积越小，晶体间的空隙越大，则流动性越大，盐晶体越不易粘连。通过试验，盐粒径 0.6mm 以上的盐结块概率小，而粒径 0.2mm 以下的结块概率大，极易结块。所以防止盐结块，要提高其颗粒的粒度。

白度，即盐的色泽度，是相对于纯白物质的反光度而提出的一个概念。由于 NaCl 是一种白色物质，从一定意义上说，盐越纯净则白度越高，越不易结块。食用盐国家标准 GB 5461—2016 中明确要求，优级精制食盐的白度≥80。

湿度，即盐中含水量，国标 GB 5461—2016 中对精制食盐优级品的要求，盐中水分的含量为≤0.3％。一般通过流化床干燥后的盐都能达到此项标准。但若在操作过程中设备出现故障，或在运输过程中遭雨淋等，尤其是在湿度比较高的环境下贮存或堆码重压比较大的情况下，产品盐中水分含量就会超标，引起盐与水分溶合，粘连结块。所以，盐中水分越少，则其结块概率越小。

温度，即盐的包装温度，对盐的结块有很大影响。在盐的生产过程中，经过离心机脱水后的湿盐其含水量为 3％左右，再在流化床中经热风干燥使水分含量小于 0.3％。干燥所用的风一般为当地空气，通过蒸汽加热至 120～180℃，送入干燥床进行盐的干燥，使成品盐的温度从进料湿盐的 30℃左右变成出料盐的 40～60℃。这种盐成品包装后存放在自然环境的仓库中，由于自然环境温度低，盐产品的温度高，盐产品与空气发生热交换，盐在降低温度的过程中吸收空气中的水分，从而造成结块。温差越大，降温时结块越快；空气中的湿度越大，结块越快。所以为了防止食盐结块，在包装时应采用冷态包装。

② 采用添加抗结块剂。

亚铁氰化钠（钾）是一种很好的食盐抗结剂。此类特效抗结剂首先由美国研制成功，在食盐中以亚铁氰化钠进行添加。我国亚铁氰化钾资源丰富，几十年来，盐中都添加亚铁氰化钾作为抗结剂。亚铁氰化钾俗称黄血盐，化学名三水合六氰合铁（Ⅱ）酸钾，为铁与氰形成的配位化合物，极易溶于水、浅黄色粉末、相对密度 1.853，无臭味，在空气中稳定，加热至 70℃ 时失去结晶水变成白色粉末，强烈灼烧（400℃ 以上时）分解，放出氮气并生成氰化钾和碳化铁，遇酸生成氢氰酸，遇碱生成氰化钠。因其氰根与铁结合牢固，故属低毒性。从食品安全健康出发，现在世界上许多国家要求食用盐不添加亚铁氰化钾，如日本、新加坡等国家，使我的食用盐出口受到限制。《食品安全国家标准食品添加剂使用标准》GB 2760—2014 中严格控制其添加量为小于 0.01g/kg（以亚铁氰根计）。《绿色食品、食用盐标准》NY/T 1040—2012 中规定，绿色食品、食用盐不允许添加亚铁氰化钾。

抗结剂并非亚铁氰化钾一种，《食品安全国家标准食品添加剂使用标准》GB 2760—2014 明确的抗结剂还有丙二醇、硅铝酸钠、磷酸三钙、二氧化硅、微晶纤维素等。国外许可使用的还有硅酸铝、硅铝酸钙、硅酸钙、硬脂酸钙、碳酸镁、氧化镁、硬脂酸镁、磷酸镁、硅酸镁、滑石粉等。现国家对食品安全工作非常重视，盐作为人体必需的食品，对盐中的添加剂要求很严，标准中没有明确允许添加的一律不准添加。

【海盐精制实验过程】

（1）工艺流程简图（见图 5-19）

图 5-19　海盐精制工艺流程

（2）实验要求

① 选择沉淀剂，完成杂质去除实验。

② 进行真空抽滤，获得精制卤水。

③ 进行多效蒸发，获得达到"五度"要求的精制盐。

④ 进行精制盐鉴定。

以上四方面工作要求学生通过查阅资料提出实验方案，经老师同意后进行实验操作，实验数据采录，实验数据处理。整个实验完成后进行小组答辩、交流。

【实验步骤】

学生设计。

【数据处理】

实验后应及时完成实验报告，进行认真地数据处理及结果讨论，得出对海盐精制过程有显著效果的工艺数据。

【思考题】

① 查阅相关文献，了解精制盐的用途和主要制备方法。

② 精制盐的生产工艺过程设计。

③ 精制盐的"五度"受哪些因素的影响？应控制在怎样的合理范围？

④ 在海盐精制过程中可以采用哪些沉淀剂？

⑤ 如何鉴定精制盐的质量？

实验11 熔融结晶法提纯愈创木酚

【实验目的】

　　结晶是固体物质以晶体状态从蒸气、溶液或熔融物中析出的过程。熔融结晶，又称为无溶剂结晶，是利用被分离组分间熔点的差异，通过结晶技术实现组分的分离与提纯，是化工生产中常用的方法。尤其在精细化工产品的生产过程中，各种同分异构体的混合物，或者由于其中的杂质的沸点与产品相近，很难用精馏方法分离；还有很多产品的提纯过程中，由于有些产品为热敏性物质，同样很难通过精馏的方法提纯。因此，利用熔点差异进行结晶分离与产品提纯成为优选的方法。熔融结晶是化工分离、提纯工艺中的一个重要单元，具有高效率、低能耗、低污染、无溶剂、操作温度低等优点。本实验以愈创木酚的提纯为对象，采用熔融结晶的方法提纯愈创木酚，达到以下实验目的。

　　① 了解熔融结晶的原理。

　　② 掌握熔融结晶分离工艺研究的基本方法。

【实验原理】

　　愈创木酚（Guaiacol）是一种白色或微黄色结晶或无色至淡黄色透明油状液体，有特殊芳香气味，学名邻羟基茴香醚、甘油醚、愈创木酚甘油醚、邻羟基甘油醚等，自然界中存在于愈创木树脂、松油和硬木干馏油中，是一种重要的精细化工中间体，广泛应用于医药、香料及染料的合成。其熔点27～29℃，沸点205℃。以邻氨基苯甲醚为原料经重氮化、水解反应制备愈创木酚。一般愈创木酚粗品含量约97%～98%；主要杂质是6-甲基愈创木酚，含量约0.5%，熔点41～42℃，沸点164～165℃/20mmHg；1,2-二甲氧基苯，含量约0.5%，熔点22.5℃，沸点206℃；邻苯二酚，含量约0.3%，其熔点105℃，沸点245.5℃；还包括一些其他杂质。由于杂质1,2-二甲氧基苯的沸点与产品愈创木酚的沸点很接近，较难采用精馏方法去除，而杂质的熔点与产品的熔点差异较大，本实验采用熔融结晶的方法，对愈创木酚进行提纯。

　　熔融结晶是通过混合物各组分的熔点不同而实现分离的，可以分为结晶和发汗两个过程。结晶过程通过控制温度使混合物部分结晶，结晶过程的推动力为过饱和度或者过冷度，由于待分离物系熔点区别，并且具有偏差形状或大小不同的分子不易进入晶格，结晶产生的晶相比残液相纯度增加；发汗是提高晶相纯度的主要后处理过程，通过控制换热介质温度，使结晶层逐渐受热，因杂质在晶层中分布不均，含有较高杂质的部分晶层熔点偏低，会首先熔化为液体而排出，并对附着在晶体上的残液起到置换和冲洗的作用。通过结晶和发汗操作，可以使物质纯度大幅提高。

【实验装置与流程】

　　熔融结晶装置如图5-20所示，熔融结晶器由结晶器、恒温槽、温度计及受料瓶等组成。主体为带夹套的结晶器，其容积约500mL，底部装有阀门，并带有抽真空的支口；通过恒温槽将冷却或加热介质泵入结晶器夹套，控制温度。间歇操作。操作过程中各个样品采用气相色谱分析。

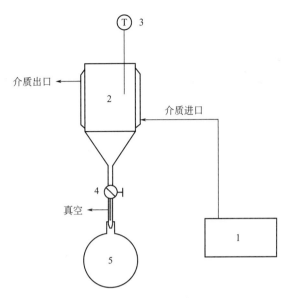

图 5-20　熔融结晶装置

1—恒温槽；2—结晶器；3—温度计；4—阀门；5—受料瓶

【实验步骤及方法】

① 关闭出料阀，取一定量的愈创木酚粗品置于玻璃夹套结晶器中。

② 开启恒温槽，将结晶器温度控制在 50℃，使愈创木酚粗品完全熔融。

③ 快速降温至 22℃，投入少量晶种，保温 0.5h。

④ 以每隔 0.5h 降 1℃ 的降温速率降到 12℃。

⑤ 开启真空泵，打开出料阀，升温，发汗至 26.5℃，减压抽滤得到母液。

⑥ 关闭出料阀，快速升温至 50℃，晶体完全熔融后，打开出料阀得到产品。

⑦ 分别称重母液和产品质量，取样，GC 分析其纯度，计算本次熔融结晶实验收率。

【思考题】

① 影响熔融结晶法分离提纯效果的因素有哪些？

② 实验过程中采取的哪些措施可减少杂质在晶体中的附着与包裹？

③ 通过结晶实验研究，可以获得哪些对结晶过程工业化放大有价值的数据？

实验12 催化剂载体——活性氧化铝的制备

活性氧化铝（Al_2O_3）是一种具有优异性能的无机物质，不仅能用做脱水吸附剂、色谱吸附剂，更重要的其还是一种优良的催化剂载体，制备得到负载型催化剂并广泛应用于石油化工领域，涉及重整、加氢、脱氢、脱水、脱卤、歧化、异构化等各种反应。活性氧化铝能如此广泛地被采用，主要原因是它结构上有多种形态及优良的物化性质。学习有关 Al_2O_3 的制备方法，对掌握催化剂制备有重要意义。

【实验目的】

① 通过铝盐与碱性沉淀剂的沉淀反应，掌握氧化铝催化剂和催化剂载体的制备过程；

② 了解制备氧化铝水合物的技术和原理；

③ 掌握活性氧化铝的成型方法。

【实验原理】

催化剂或催化剂载体用的活性氧化铝，在物性和结构方面都有一定要求，最基本的参数是比表面积、孔结构、晶体结构等。例如，重整催化剂是将贵重金属铂、铼负载在 $\gamma\text{-}Al_2O_3$ 或 $\eta\text{-}Al_2O_3$ 上。氧化铝的结构对反应活性影响极大，如烃类脱氢催化剂，若将 Cr-K 载在 $\gamma\text{-}Al_2O_3$ 或 $\eta\text{-}Al_2O_3$ 上，催化活性较好，而载在其他形态氧化铝上，催化活性很差。这说明它不仅起载体作用，而且也起到了活性组分的作用，因此，也称这种氧化铝为活性氧化铝。$\alpha\text{-}Al_2O_3$ 在反应中是惰性物质，只能作载体使用。制备活性氧化铝的方法不同，得到的产品结构亦不相同，其活性的差异颇大，因此制备中应严格控制每一步骤的条件，不应混入杂质，尽管制备方法和路线很多，但无论哪种路线都必须制成氧化铝水合物（氢氧化铝），再经高温脱水生成氧化铝。自然界存在的氧化铝或氢氧化铝脱水生成的氧化铝，不能作载体或催化剂使用，这不仅是因为杂质多，主要是难以得到所要求的结构和催化活性。为此，必须经过重新处理，由此可见，制备氧化铝水合物是制活性 Al_2O_3 的基础。

氧化铝水合物经 X 射线分析，可知有多种形态，通常分为结晶态和非结晶态。结晶态中有一水和三水化物两类形体；非结晶态则含有无定形和结晶度很低的水化物两种形体，它们都是凝胶态。可总括为下述表达形式：

$$
\text{水合氧化铝}
\begin{cases}
\text{晶体}
\begin{cases}
\text{一水化物}
\begin{cases}
\alpha\text{-}Al_2O_3 \cdot H_2O, & \text{一软水铝石} \\
\beta\text{-}Al_2O_3 \cdot H_2O, & \text{一硬水铝石}
\end{cases} \\
\text{三水化物}
\begin{cases}
\alpha\text{-}Al_2O_3 \cdot 3H_2O, & \alpha\text{-三水铝石} \\
\beta\text{-}Al_2O_3 \cdot 3H_2O, & \beta\text{-三水铝石} \\
\text{新}\beta\text{-}Al_2O_3 \cdot 3H_2O, & \text{新}\beta\text{-三水铝石}
\end{cases}
\end{cases} \\
\text{非晶体}
\begin{cases}
\text{无定形} & H_2O/Al_2O_3 \geq 3 \\
\text{假一水铝石} & H_2O/Al_2O_3 \approx 1.5 \sim 2
\end{cases}
\end{cases}
$$

无定形水合氧化铝，尤其是一水铝石，在制备中能通过控制溶液 pH 值或温度，向一水氧化铝转变。经老化后大部分变成 $\alpha\text{-}Al_2O_3 \cdot H_2O$，而这种形态是生成 $\gamma\text{-}Al_2O_3$ 的唯一路线。上述 α-Al$_2$O$_3$·H$_2$O 凝胶是针状聚集体，难以洗涤过滤。β-Al$_2$O$_3$·3H$_2$O 是球形颗粒，紧密排列，易于洗涤过滤。

氧化铝水合物是非稳定态，加热会脱水，随着脱水气氛和脱水温度的不同可生成各种晶形的氧化铝。当受热到 1200℃ 时，各种晶型的氧化铝都将变成 α-Al$_2$O$_3$（亦称刚玉）。α-Al$_2$O$_3$ 具有最小的表面积和孔容积。水合物受热后晶型变化情况如下：

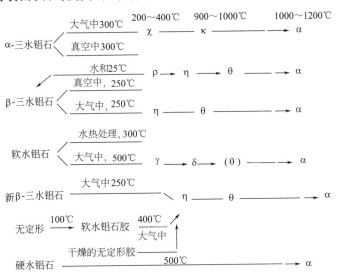

可见，不论获得何种晶型的氧化铝都要首先制成氢氧化铝。氢氧化铝也是制备陶瓷和无机阻燃剂及阻燃添加剂的重要原料。

制备水合氧化铝的方法很多，可以以铝盐、偏铝酸钠、烷基铝、金属铝、拜耳氢氧化铝等为原料，控制不同的温度、pH 值、反应时间、反应浓度等操作，可得到均一的相态和不同物性的氧化铝。制备方法通常有以下几种方法。

（1）以铝盐为原料

用 AlCl$_3$·6H$_2$O、Al$_2$(SO$_4$)$_3$·18H$_2$O、Al(NO$_3$)$_3$Cl$_3$·9H$_2$O、KAl(SO$_4$)$_4$·24H$_2$O 等的水溶液与沉淀剂—氨水、NaOH、Na$_2$CO$_3$ 等溶液作用生成氧化铝水合物。

$$ACl_3 + 3NH_4OH \longrightarrow Al(OH)_3 \downarrow + 3NH_4Cl$$

球状活性氧化铝以三氯化铝为原料有较好的成型性能。实验中通常多使用该法制备水合氧化铝。

（2）以偏铝酸钠为原料

偏铝酸钠可在酸性溶液作用下分解沉淀析出氢氧化铝。此原料在工业生产上较经济，是常用的生产活性氧化铝的路线，但常因混有不易脱除的 Na$^+$，故常用通入 CO$_2$ 的方法制各种晶型的 Al(OH)$_3$。

$$2NaAlO_2 + CO_2 + H_2O \longrightarrow Na_2CO_3 + 2Al(OH)_3 \downarrow$$

或

$$NaAlO_2 + HNO_3 + H_2O \longrightarrow NaNO_3 + Al(OH)_3 \downarrow$$

制备过程中有 Al^{3+} 和 OH$^-$ 存在是必要的，其他离子可经水洗被除掉。

另外还有许多方法，它们都是为制取特殊要求的催化剂或载体而采用的。制备催化剂或载体时，都要求除去 S、P、As、Cl 等有害杂质，否则催化活性较差。

本实验采用铝盐与氨水沉淀法。将沉淀物在 pH＝8～9 范围内老化一定时间，使之变成

α-水铝石，再用去离子水洗去氯离子。将滤饼用酸胶溶成流动性能较好的溶胶，用滴加法滴入油氨柱内，在油中受表面张力作用收缩成球，再进入氨水中，经中和和老化后形成较硬的凝胶球状物（直径在 1～3mm 之间），经水洗油氨后进行干燥。也可将酸化的溶胶喷雾到干燥机内，生成 40～80μm 的微球氢氧化铝。上述过程可用框图表示如图 5-21 所示。

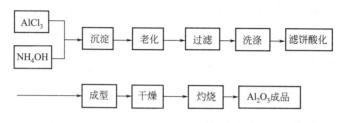

图 5-21　活性氧化铝制备流程图

沉淀是制成一定活性和物性的关键，对滤饼洗涤难易有直接影响。其操作条件决定了颗粒大小、粒子排列和结晶完整程度。加料顺序、浓度和速度也有影响，沉淀中 pH 值不同，得到的水化物则不同。例如：

$$Al^{3+}+OH^{-} \begin{cases} pH<7 \longrightarrow 无定型胶体 \\ pH=9 \longrightarrow \alpha\text{-}Al_2O_3 \cdot H_2O \quad 胶体 \\ pH>10 \longrightarrow \beta\text{-}Al_2O_3 \cdot H_2O \quad 结晶 \end{cases}$$

当 Al^{3+} 倾倒于碱液中时，pH 值由大于 10 向小于 7 转变。产物有各种形态水化物，不易得到均一形体。如果反向投料，若 pH 值不超过 10，只有两种形体，经老化也会趋于一种形体。为此，并流接触并维持稳定 pH 值，可得到均一的形体。

老化是使沉淀形成不再发生可逆结晶变化的过程；同时使一次粒子再结晶、纯化和生长；另外也使胶粒之间进一步黏结，胶体粒子得以增大。这一过程随温度升高而加快，常常在较高温度下进行。

洗涤的目的是为了除去沉淀中的杂质。若杂质以相反离子形式吸附在胶粒周围而不易进入水中时，则需用水在搅拌情况下把滤饼打散成浆状物再过滤，反复多次操作才能洗净。若有 SO_4^{2-} 存在则难以完全清洗干净。当 pH 值近于 7 时，$Al(OH)_3$ 会随水流失，一般应维持 pH>7。

酸化胶溶成型过程需要设置。这个过程是在胶溶剂存在下，使凝胶这种暂时凝集起来的分散相重新变成溶胶。当向 $Al(OH)_3$ 中加入少量 HNO_3 时发生如下反应：

$$Al(OH)_3+3HNO_3+H_2O \longrightarrow Al(NO_3)_3+3H_2O$$

生成的 Al^{3+} 在水中电离并吸附在 $Al(OH)_3$ 表面上，NO_3^- 为反离子，从而形成胶团的双电层，仅有少量 HNO_3 就足以使凝胶态的滤饼全部发生胶溶，以致变成流动性很好的溶胶体。当 Cl^- 或 Na^+ 或其他离子存在时，溶胶的流动性和稳定性变差。应尽可能避免杂质存在，否则会影响催化剂的活性。利用溶胶在适当 pH 值和适当介质中能溶胶化的原理，可把溶胶以小滴形式滴入油层，这时由于表面张力而形成球滴，球滴下降中遇碱性介质形成凝胶化小球，以制备 Al_2O_3 小球催化剂。

【实验仪器和试剂】

（1）实验仪器

500mL 烧杯 2 个，搅拌器 1 台，真空泵及抽滤系统 1 套，500mL 量筒 2 个，抽滤漏斗，陶瓷皿。

（2）实验试剂

三氯化铝，浓氨水（体积分数 25%，化学纯），去离子水，pH 试纸，平平加表面活性剂，变压器油。

【实验步骤】

（1）溶液配制

① 取 285mL 蒸馏水放入 500mL 烧杯内，称取 15g 无水三氯化铝（要求快速称量，否则因吸湿而不准确），分次投入水中，搅拌后澄清。如果有不溶物或颗粒杂质，可用漏斗过滤，最终配成 5% AlCl₃ 溶液。

② 取浓氨水（25%）50mL，用水稀释一倍待用。

（2）水合氧化铝的制备

① 将三氯化铝溶液放入三口瓶内，并装上机械搅拌，升温至 40℃，在搅拌下快速倒入氨水（按理论量 80%），观察搅拌桨叶的转动情况。若溶液变黏稠，再加少许氨水，沉淀的胶体变稀，用玻璃棒沾取沉淀胶体滴到 pH 试纸上，测定 pH 值在 8～9 之间则合格，停止加氨水，继续搅拌 30min，随时测 pH 值，如有下降再补加氨水。

② 30min 后把温度升至 70℃，停止搅拌，将其静止老化 1h。

③ 将老化的凝胶倒入抽滤漏斗内过滤。第一次过滤速度较快，随着洗涤次数的增加，过滤速度逐渐减慢。

④ 取出过滤抽干的滤饼，加入少量水，搅拌，使滤饼全部变成浆状物后，再次过滤，通常至少洗涤 5 次，最后用硝酸银溶液滴定滤液，若不产生白色沉淀即为无氯离子。取少量凝胶在显微镜下观察。

⑤ 将洗好的滤饼放在 500mL 烧杯内，称重，待酸化使用。

（3）成型操作

① 取 500mL 量筒，内放 300mL 的 12.5% 氨水和 50mL 变压器油，再加少量"平平加"表面活性剂。由此构成简易油氨柱。

② 滤饼中加入浓度为 12mol/L 的硝酸溶液，用量为滤饼的 2%～3%（质量）。用玻璃棒强烈搅动，滤饼逐渐变成乳状的 Al(OH)₃ 溶胶（流动性很好），之后再用力搅动一定时间，将块状凝胶全部打碎。用 50mL 针筒取浆液，装上针头。

③ 针尖向下，往油氨柱滴加溶液。溶胶在油层中收缩成球穿过油层后进入氨水中变成球状凝胶体。在氨水中老化 30min。

④ 吸出油层和氨水，倒出凝胶球状物，用蒸馏水洗油和氨水。洗涤时可加少量洗净剂或"平平加"等。

（4）干燥及灼烧

洗净后的球状氢氧化铝凝胶，在室温下自然干燥 24h，然后放于烘箱中于 105℃ 下干燥 6h，再置于高温炉中 500℃ 下灼烧 4h，最后生成 γ-Al₂O₃（当操作条件不当会混有 η-Al₂O₃）。

【数据处理】

① 计算 Al(OH)₃ 和 Al₂O₃ 的实际收率并解释与理论收率相差较大的原因。

② 测定最后成型的外观形状和尺寸。

【思考题】

①　如何控制活性氧化铝的质量？

②　欲获得高比表面积的氧化铝，应改变什么操作条件？是否还有其他方法？

③　怎样才能提高洗涤效率？怎样才能提高氧化铝收率？

④　氧化铝有哪些用途？

实验13　催化剂载体孔隙率及吸水率的测定

催化剂载体的孔隙率及吸水率是催化剂载体材料结构特征的标志之一。在多孔材料研究中，孔隙率及吸水率的测定是对产品质量进行检定的最常用方法。孔隙率是指材料中气孔体积与材料总体积之比。吸水率是指材料试样放在蒸馏水中，在规定的温度和时间内吸水质量和试样原质量之比。由于吸水率与开口孔隙率成正比，在科研和实际生产中往往采用吸水率来反映材料的显气孔率。对于负载型催化剂的制备而言，首先要测定催化剂载体孔隙率及吸水率，以确定浸渍液的配置浓度。因此，在催化剂载体的研究和生产中，催化剂载体孔隙率及吸水率的测定有着重大的意义。

【实验目的】

① 了解孔隙率和吸水率等概念的物理意义。

② 了解孔隙率的测定原理和测定方法。

【实验原理】

材料的孔隙率、吸水率的计算都基于密度的测定，而密度的测定则基于阿基米德原理。由阿基米德原理可知，浸在液体中任何物体都要受到浮力（即液体静压力）的作用。浮力的大小等于该物体排开液体的重力。在使用杠杆原理设计制造的天平进行衡量时，对物体重力的测定归结为其质量的测定。因此，阿基米德定律可用下式表示：

$$m_1 - m_2 = V\rho_L$$

式中　m_1——在空气中称量物体时所得的质量，kg；

　　　m_2——在液体中称量物体时所得的质量，kg；

　　　V——物体的体积，m^3；

　　　ρ_L——液体的密度，kg/m^3。

孔隙率的测定同样是基于阿基米德原理，试验中采用水煮法测定材料的孔隙率。首先称量需要的试样干重，记为 m_1；将称好试样放入干净的烧杯中，往杯中注入去离子水，直至淹没试样。接着将烧杯置于电炉上加热至沸腾，并保持沸腾状态 2h，使去离子水完全渗透至试样的空隙内。然后停止加热使其降至室温（或者将试样在去离子水中浸泡 48h）。接着把试样快速取出放入事先准备好称重用的小吊篮内，将其挂在天平的吊钩上，使试样继续浸没于水中，称取饱和试样在水中的悬浮重，记为 m_2；将饱和试样取出，用湿抹布小心地拭去饱和试样表面的水，快速称量饱和试样的质量，记为 m_3。

【试验方法】

参考 GB 9966.3—2001《天然饰面石材试验方法　第 3 部分：体积密度、真密度、真气孔率、吸水率试验方法》。

【实验仪器】

① 恒温干燥箱：室温到 200℃。

② 天平：最大称量 1000g，感量 10mg；最大称量 100g，感量 1mg 各 1 个。

③ 实验电炉 2 个。

④ 500mL 烧杯 2 个，100mL 量筒 2 个。

⑤ 去离子水。

【实验步骤】

① 选择 1000 个左右试样，将试样用去离子水反复清洗，洗去表面的杂质。然后将试样放入 110℃烘箱干燥 12h，冷却至室温，取出，称其质量，记为 m_1，精确到 0.02g。

② 将称量后的试样放入干净的烧杯中，往杯中注入去离子水，直至淹没试样。接着将烧杯置于电炉上加热至沸腾，并保持沸腾状态 2h，使去离子水完全渗透至试样的空隙内（期间应密切注意烧杯中的水位）。然后停止加热使其降至室温，用拧干的湿毛巾擦去表面水分，并立即称量，记为 m_3，精确到 0.02g。

③ 把试样快速取出放入事先准备好称重用的小吊篮内，将其挂在天平的吊钩上，使试样继续浸没于室温下的去离子水中，称取饱和试样在水中的悬浮重，记为 m_2，精确到 0.02g。

【实验结果与计算】

(1) 孔隙率

根据测定的所得的数据，孔隙率 $P(\%)$ 按下式计算：

$$P = \frac{m_3 - m_1}{m_3 - m_2} \times 100\%$$

式中　m_1——在空气中称量干燥物体时所得的质量（干），g；

　　　m_2——在液体中称量物体时所得的质量，g；

　　　m_3——在空气中称量水饱和物体时所得的质量（湿），g。

(2) 吸水率

根据测定的所得的数据，吸水率 $W(\%)$ 按下式计算：

$$W = \frac{m_3 - m_1}{m_1} \times 100\%$$

式中　m_1——在空气中称量干燥物体时所得的质量（干），g；

　　　m_3——在空气中称量水饱和物体时所得的质量（湿），g。

【思考题】

① 测定催化剂载体的孔隙率及吸水率的意义是什么？

② 影响测定催化剂载体的孔隙率及吸水率准确性的因素有哪些？

实验14 负载型Pd系催化剂的制备及液相加氢催化反应

负载型催化剂是活性组分及助催化剂均匀分散，并负载在专门选定的载体上的催化剂。贵金属催化剂制成负载型后，可提高其分散度（金属暴露在晶粒表面的原子数与总的金属原子数之比），减少其用量。载体可提供有效的表面和适宜的孔结构，使活性组分的烧结和聚集大大降低，并增强催化剂的机械强度。载体有时还能提供附加的活性中心（如双功能催化剂），通过活性组分与载体之间的溢流和强相互作用，具有不同的活性。

【实验目的】

① 了解和掌握负载型贵金属催化剂的制备方法。

② 了解催化反应过程中催化剂的活性，选择性和产率等基本概念。

③ 熟悉液相常压氢化反应装置的操作并能熟练使用气相色谱对催化反应进程进行监测。

【实验原理】

（1）Pd系贵金属催化剂液相加氢反应

贵金属（Pt、Pd、Rh、Ir、Ru、Os 等）由于具有电子未充满的 d 轨道，因而是一类重要的多相催化材料，可用于加氢、脱氢、氧化、异构、环化、氢解、裂解等反应。其中，Pt、Pd 是用途最为广泛的贵金属催化剂。固体金属状态的催化剂可以是单组分的贵金属，也可以是多组分的合金。由于多相催化过程的本质是表面反应过程，催化剂活性大小取决于活性组分表面的大小。因此，多相催化要求作为催化活性组分的贵金属具有尽可能大的表面积。对贵金属而言，一般在其颗粒尺寸为 20nm 以下时，具有较高的活性表面积。但由于贵金属颗粒具有较大的表面能，造成其在使用过程中易发生团聚、氧化等，造成失活。为此，一般将金属纳米颗粒分散于某种高比表面的固体材料如氧化硅、氧化铝、活性炭等物质上加以稳定化，制成负载型贵金属催化剂。

对于 Pd 系贵金属催化剂，其催化液相加氢反应是一类重要的化学反应，在高分子单体、食品添加剂、药物等重要的工业或精细化学品合成中具有重要的意义。Pd 系贵金属催化剂液相加氢反应的机理主要涉及 H_2 分子在 Pd 颗粒表面的解离吸附生成活性 H 原子；具有不饱和化学键分子在 Pd 颗粒表面的吸附；活性 H 原子在 Pd 颗粒表面吸附反应物分子上加成，形成具有饱和化学键的产物分子；产物分子从 Pd 颗粒表面脱附。

对于具有不饱和三键的分子如苯乙炔等的加氢反应体系，由于具有不饱和双键的产物比饱和化学键的产物更有价值（例如在聚苯乙烯的生产工艺中，苯乙烯单体中含有少量的苯乙炔将造成产品规则度下降与特殊臭味，进而影响产品聚苯乙烯的质量），故将苯乙炔选择性加氢成苯乙烯能很好地提升产品质量。苯乙炔选择性加氢生成苯乙烯是最近研究比较多的液相加氢反应体系。对于负载型 Pd 系贵金属催化剂催化的具有不饱和三键的底物分子的液相加氢反应，其加氢反应产物的选择性与 Pd 物种的分散度、载体类型及修饰剂密切相关。一般在较低的 Pd 分散度、较小的载体比表面积与适当的毒化剂如 Pb、Bi 元素或含 N 的化合物修饰时，该催化剂对双键产物的选择性较高，反之则易产生过度氢化形成的具有饱和化学键的产物。

（2）**与催化剂评选的相关基本概念**

与催化剂评选相关的最基本标准是催化剂的活性与选择性。

催化剂活性是指在一定反应条件下将原料转化为产物的速率。通常用工业上常用的转化率进行定义：

$$转化率＝（反应物已转化物质的量/反应物起始的物质的量）\times 100\%$$

由于很多催化反应有多种产物共存的情况，因而引入催化剂选择性的概念。

$$选择性＝（目标产物的物质的量/已转化的原料物质的量）\times 100\%$$

在这种情况下，目标产物的产率成为衡量催化剂效率的标准之一。

$$产率＝（目标产物的物质的量/反应物起始的物质的量）\times 100\%$$

即：

$$产率＝转化率\times 选择性$$

除了上述活性与选择性外，催化剂的稳定性与使用寿命也是衡量催化剂的重要指标。

【实验仪器及药品】

① 实验仪器圆底烧瓶，锥形瓶，磁力搅拌器，pH计，三颈瓶，聚四氟三通，气球，氢气钢瓶等。

② 实验药品氯化钯（Pd含量＞59％），碳酸钙，醋酸铅，甲酸钠，浓盐酸，氢氧化钠，蒸馏水，苯乙炔，苯乙烯，乙苯，正己烷，喹啉，十二烷。

【实验步骤】

（1）**负载型 Pd/CaCO₃ 催化剂（Pd含量5％）的制备及 Pb 毒化修饰**

在10mL烧杯中，放入0.074g（0.41mmol）氯化钯和0.36mL（0.0042mol）浓盐酸，使之溶解，加5mL蒸馏水；将烧杯置于磁力搅拌器上，用pH计测量酸度，在搅拌下用滴管慢慢加3mol/L氢氧化钠溶液至溶液的pH值为4.0～4.5为止。将此溶液稀释至10mL，然后转入100mL烧瓶中，并将烧瓶浸在油浴中，加入0.9g碳酸钙于溶液中，在搅拌下加热至80℃左右，维持此温度直至颜色消失。维持此温度，加入0.3mL（0.07mol/L）的甲酸钠溶液，在放出二氧化碳的过程中，催化剂从棕色变成灰色，快速搅拌下加入0.23mL（0.07mol/L）甲酸钠溶液，搅拌40min，完成还原反应，滤出黑色催化剂，并用水洗涤。

将此浸润催化剂放入100mL烧瓶中，加入5mL水和3mL 2.3％醋酸铅溶液，在80℃搅拌50min，滤出催化剂，用水洗涤，并于60～70℃下干燥，获得Pb毒化的Pd/CaCO₃催化剂。

（2）**苯乙炔的液相加氢反应**

取10mg负载型Pd/CaCO₃催化剂放入100mL单口圆底烧瓶中（烧瓶中预先放入搅拌磁子），加入204mg苯乙炔，0.1mL喹啉，30mg十二烷（内标物质）及10mL正己烷，在烧瓶上接一个聚四氟三通阀，在三通阀的一个出口绑定一个气球。

对反应体系进行抽真空，然后充入氮气，反复三次后，抽真空，然后通入氢气（氢气将气球充大后）进行氢化反应，反应进行至2h后结束。

（3）**催化剂的反应活性测定**

用分析天平准确称取0.5g左右的苯乙烯及0.2g左右的十二烷与20mL正己烷混合，配置标准溶液。用微量进料器抽取1μL标准溶液进样，气相色谱分析，重复进行三次，获得反应体系内组分对内标物质的相对校正因子。

将反应混合物用滤膜过滤，用微量进料器抽取1μL滤液进样。根据气相色谱结果，参照上述评价催化剂的相关公式，对制备得到的催化剂进行评价。

【思考题】

　　① 负载型贵金属催化剂的制备方法有哪些？

　　② 评价催化反应过程中催化剂性能的指标有哪些？

　　③ 负载型 $Pd/CaCO_3$ 催化剂的使用过程中应注意哪些问题？

参考文献

［1］ 乐清华. 化学工程与工艺专业实验. 第二版. 北京：化学工业出版社，2008.

［2］ 许文，张毅民. 化工安全工程概论. 第二版. 北京：化学工业出版社，2011.

［3］ 曹贵平，朱中南，戴迎春. 化工实验设计与数据处理. 上海：华东理工大学出版社，2009.

［4］ 周旭章，张慧恩，蔡艳等. 化学工程实验技术与方法. 杭州：浙江大学出版社，2012.

［5］ 费业泰. 误差理论与数据处理. 北京：机械工业出版社，2010.

［6］ 李其祥，孔建益. 化学工程与工艺专业实验. 北京：化学工业出版社，2008.

［7］ 厉玉鸣. 化工仪表及自动化. 北京：化学工业出版社，2006.

［8］ 朱炳辰. 化学反应工程. 第五版. 北京：化学工业出版社，2011.

［9］ 米振涛. 化学工艺学. 第二版. 北京：化学工业出版社，2006.

［10］ 张玉清，王新德. 化工工艺与工程研究方法. 北京：科学出版社，2008.

［11］ 王林. 微反应器的设计与应用. 北京：化学工业出版社，2016.

［12］ ［德］P. 哈森著. 材料科学技术丛书-材料的相变. 刘治国等译. 北京：科学出版社，1998.

［13］ 陈诵英. 催化反应工程基础. 北京：化学工业出版社，2011.

［14］ 蔡蒄. 分析化学实验. 上海：交通大学出版社，2010.

［15］ 任楠，李建国，唐颐. 负载型 Pd 系催化剂的制备及液相加氢催化反应. 大学化学，2009，24（5）：49-53.

［16］ 董维阳，王文祥，宰云霄. 活性氧化铝的制备与研究. 河南化工，1995，（12）：13-14.

［17］ 孙均昱，吴继辉，孙杰等. 适用于联碱工艺的海盐精制方法探讨. 纯碱工业，2000，（5）：25-26.

［18］ 张家凯，蔡荣华，张凤友. 抗结块新型精制盐工艺研究. 海湖盐与化工，2005，34（4）：26-28.